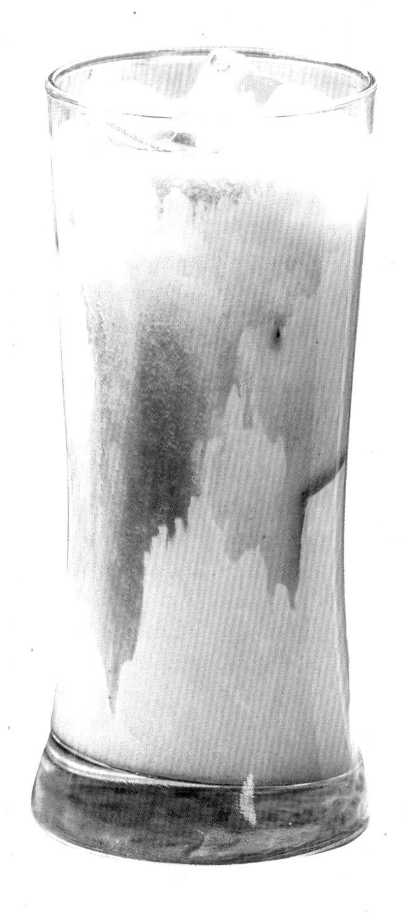

HANDMADE
DRINKS

綠拿鐵

HANDMADE DRINKS

百香果風味柳橙冰飲

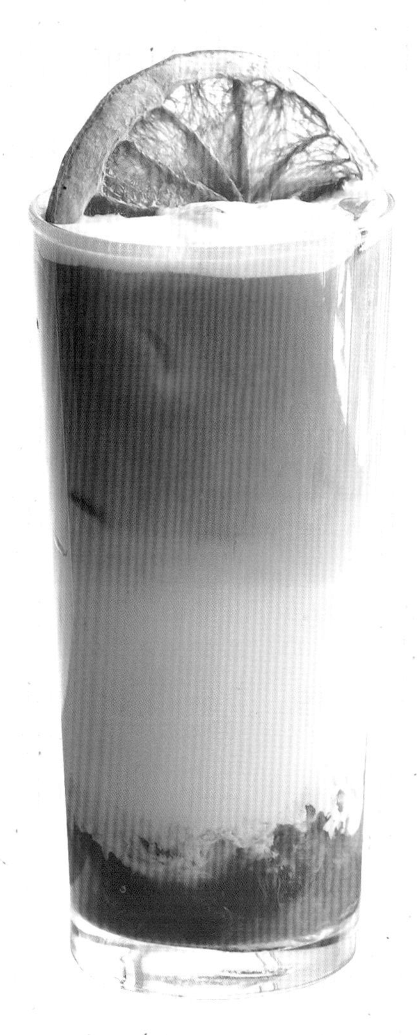

HANDMADE
DRINKS

葡萄柚咖啡

HANDMADE DRINKS

駁手咖啡

◎ 糖的保存技巧

糖的包裝上若有透氣孔，可讓袋內多餘的氣體排出。糖應避免放置在潮濕處，或擺在會散發異味的食物旁。當糖吸附異味時，可先將糖鋪放在盤子上，再放入微波爐加熱 5～10 秒，即可消除異味。

◎ 木糖（Xylose）

從白樺、楓樹等植物中萃取出的糖。甜度為白糖的 60%。木糖可將人體對糖的吸收率降至 39.9%。其顆粒精緻小巧，適合製作果醬時使用。

◎ 阿洛糖（D-Allulose）

阿洛糖是存在於葡萄乾、無花果、小麥等中的甜味成分。甜度為白糖的 70%；熱量為每公克 0.2 大卡，約為糖的 5%。適合製作果醬或糖漿時使用。

◎ 塔格糖（Tagatose）

從蘋果、起司中萃取出來的調味料，甜度為白糖的 92%。具有抑制飯後血糖上升的功用，熱量也只有白糖的 1/3。

◎ 玉米糖漿

天然的玉米糖漿，口感香醇，且色澤較深。主要添加在甜點中，調製飲品或果醬時，添加少量糖漿可增添風味。

HANDMADE DRINKS 開始調製前的準備

3 飲料基底的保存容器

花長時間製作的果醬、濃縮汁、糖漿、飲品粉等飲料基底，
隨著存放在不同型態的容器中，味道、香味、保存期限也會隨之不同。
請依照不同基底的特性，選擇適合的容器。

◎ 果醬 → 瓶身短、瓶口大

手作果醬為了便於撈起水果片，且經過熟成階段後需放入冰箱冷藏，因此建議使用瓶身短、瓶口大的密封容器。未開封時，有效期限為 6 個月，開封後建議 3 個月內食用完畢。

◎ 飲品粉 → 瓶身短、瓶口大

飲品粉以瓶身短、瓶口大的密封容器為佳。若用較大瓶罐盛裝，容易受潮、酸化，因此每次製作的分量不可過多。用容器盛裝飲品粉後，建議蓋上瓶蓋，放置在陽光無法直接照射之處。

◎ 糖漿 → 瓶身長、瓶口小

由於糖漿每次使用時只倒出一點點，所以適合瓶身長、瓶口小的密封容器。隨著內容物的不同，保存期限也略有差異，一般約可保存 1 ～ 3 個月。並請留意瓶口需保持乾淨、避免沾到糖漿，才能保存較長時間。

◎ 濃縮汁 → 瓶身長、瓶口小

濃縮汁是水果經過加熱後，連果肉一起進行熟成，再將果肉濾掉，將濃縮汁存放入容器中，因此為了便於傾倒，建議選用瓶身長、瓶口小的密封容器。請一定要放入冰箱冷藏，一般可保存 6 個月以上。

◎ 水果乾 → 瓶子或夾鏈袋

為了避免果乾變形，建議存放在瓶口大的密封容器或夾鏈袋中。可採用「一次用量、分袋包裝」的方法。量多時，可以夾鏈袋保存，並放入冰箱冷凍。

4 調製飲品所需的用具

只要擁有這些基本用具，即可隨時在家做出美味飲品！

◎ 咖啡濾杯和濾紙

不同品牌的咖啡壺，可萃取出的咖啡口感也不同。像具有代表性的哈利歐（Hario）咖啡壺，可烹煮出口感香醇的咖啡，KALITA 則能泡出口味較淡的咖啡。而不同尺寸、型態、顏色的濾網，也會沖煮出不同的口感。

◎ 法式濾壓壺

原本是萃取咖啡的工具，但因使用便利，也常被用來沖泡茶葉。於加熱中的法式濾壓壺裡，倒入咖啡或茶、熱水後，經過 3 ～ 4 分鐘，即可萃取出香醇的茶或咖啡。一次約可泡出 3 ～ 4 杯 500c.c. 飲品的基底。

◎ 茶壺

調製熱茶飲時的用具。使用前，茶壺需先預熱，再放入茶葉，倒熱水浸泡，濾掉茶葉後，即可完成陣陣香氣的茶飲。紅茶的浸泡時間約為 2 分鐘，花草茶則約需 4 分鐘。

◎ 濾網

泡茶時過濾茶葉的工具。若需過濾小葉片，建議使用雙層濾網；過濾沖泡奶茶所使用的碎茶葉時，則需使用到三層濾網，才能萃取出無雜質的液體。

◎ 果汁機

果汁機種類約可分為手持式攪拌器及一般有底座的果汁機。利用果汁機可輕鬆地將製作果昔或星冰樂（Frappuccino）時的冰塊或冰淇淋攪打成泥，十分方便。請留意使用果汁機後，需將機體清洗乾淨，避免滋生細菌。

HANDMADE DRINKS　開始調製前的準備

5 保存容器的消毒方式

為了讓飲料基底不易變質，
除了需依基底類型選擇不同的容器，
容器的消毒更是關鍵。
容器的消毒法可分為
「沸水消毒法」和「清潔劑消毒法」，
一般較常使用的是沸水消潔毒法。
且當日消毒完的容器，建議當日使用。

◎ 沸水消毒法

在鍋中倒入冷水，並將容器倒置放入，開始加熱。水量以覆蓋至容器的 1/3 高為宜。水沸騰後，再續煮 10 分鐘，用夾子取出容器，並放置於鐵網上。或者，在預熱至 100℃的烤箱中，將容器倒置放入，將其自然晾乾。另外，瓶蓋只要放到滾水中稍微燙過後拿出，即可消毒。若將瓶蓋放到滾水中煮，瓶蓋內側的橡膠密封墊容易鬆開，會失去密封的功能。

◎ 清潔劑消毒法

以碗盤清潔劑擦拭容器內側和瓶口，再用水清洗，並以布擦乾。然後將清潔劑和水稀釋後放入噴霧器中，將清潔劑噴灑在容器外側，並使其自然晾乾。不僅容器，其他廚房用具也可採用此方法消毒。

6 冷熱飲的成品杯選擇

一杯美味的飲品，成品杯擔任非常重要的角色。
挑對成品杯，能增添飲品的味道和香氣，
反之，則可能讓飲品失去應有的風味。
以下分別介紹冷、熱飲所需的成品杯。

HOT 拿鐵杯

圓筒杯身、杯口較寬的拿鐵杯，適合盛裝上面有一層奶泡的拿鐵咖啡。容量為320c.c.，也可做為一般的咖啡杯使用。

HOT 濃縮咖啡杯

又有小咖啡杯（Demitasse）之稱。容量為80c.c.。主要用來裝盛濃縮咖啡，也很適合做為小型量杯。

HOT 雙倍濃縮咖啡杯（Doppio）

容量約130c.c.，剛好適合盛裝一球冰淇淋。也很適合做為冰淇淋的量杯。

HOT 卡布奇諾杯

容量為220c.c.，可以感受到奶泡味道的特製成品杯。適合盛裝熱巧克力、熱紅茶等。若是能放入烤箱的材質，也很適合做為杯子蛋糕的盛裝容器。

◎ 熱飲種類及基本材料

水果熱飲 水果乾、手作果醬、滾水
紅茶 紅茶茶葉或紅茶包、95℃的熱水
咖啡 咖啡豆、滾水
花草茶 乾花草、滾水

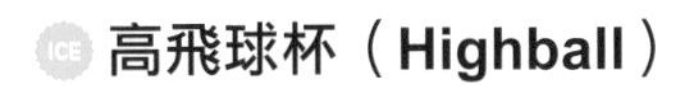

高飛球杯（Highball）

由於杯子容量大，適合盛裝內容物較多的飲料，例如莫希托（Mojito）或水果汽水等飲品，調製順序為：先放入食材，再加入冰塊，最後加入氣泡水。另外也適合做為夏天盛裝清涼啤酒的杯子。

洛克杯（Rock）

適合用來盛裝白咖啡或長黑咖啡（Long Black Coffee）。由於玻璃厚度夠、質地堅硬，用來裝冷熱飲、咖啡、茶皆可。

無腳香檳杯（Stemless）

無腳香檳杯非常適合盛裝果汁、果昔等飲料，也可盛裝提拉米蘇或慕斯蛋糕等甜點。

可林杯（Collins）

杯口和杯底直徑一致的玻璃杯，一般用來盛裝清涼的冷飲。因氣體不易排出，所以適合盛裝氣泡類飲品。

◎ 冷飲種類及基本材料

冰茶 水果、茶
果汁汽水 水果、氣泡水或汽水
雪克 冰淇淋、牛奶
果昔 蔬菜或水果、水、冰

以「果醬」調製的飲品

最近標榜不添加人工色素或香料的果醬非常受歡迎。
自製果醬不僅可依個人喜好調整甜度，
而且隨著冷藏技術的日益進步，
一年四季都能藉由果醬品嘗到非當季的水果風味。
把家中剩餘的水果馬上做成果醬基底吧！

◎ 主食材 選擇糖度高、香味強的水果

果醬的食材主要是水果。不過，像生薑、蘿蔔、辣椒等，也能以相同的方法做成蔬菜果醬，做為各種料理的調味料。製作果醬時，所使用的水果甜度愈高，糖的用量就要愈少。

◎ 注意事項 拭乾食材和用具的水分

製作果醬前，需先去除食材的多餘水分，也需去除用具如刀子、砧板、保存容器等的所有水分。若殘留水分，容易使水果腐敗，味道也會改變，進而縮短保存期限。

◎ 調製重點 依水果甜度調整糖的用量

果醬的成敗在於糖的用量。主食材和糖的比例一般建議為 1：1。但實際調製時，可依水果的甜度，將糖的用量減少至水果的 50 ～ 80%。請留意，若糖的用量減少至水果的 50% 時，果醬一定要放入冰箱冷藏，且保存時間不可超過一週。

◎ 保存方法 依不同種類而異，約能保存 1 ～ 3 個月

隨著食材種類的不同，保存期限也會不一樣。如水分含量高的葡萄柚果醬，可於冰箱冷藏 1 個月，酸味強的檸檬果醬或萊姆果醬，則可冷藏約 3 個月。若想延長果醬的食用期限，可放入冰箱冷藏室的裡側，並以乾燥的湯匙舀取。另外，用保鮮膜覆蓋在瓶口再蓋上瓶蓋，也可防止果醬接觸到氧氣，以延長保存期限。

葡萄柚果醬

需剝皮的葡萄柚，非常適合做成果醬，並隨時調製成葡萄柚飲品。
由於甜度高，在製成果醬時，糖的用量可減少至 **20%** 左右。
靜置熟成時若未至一天，但糖已完全溶化，要立即放入冰箱冷藏。
製作過程中，若添加適量的檸檬汁，口感將會更好。
請選用紅色果肉的葡萄柚，雖然味道和黃色果肉的差不多，
但所散發的水果香氣更勝一籌！

中型葡萄柚 **1** 顆（**400** 克）、糖 **1** 杯（**180** 克）、檸檬汁 **2** 大匙

1. 葡萄柚洗淨後，拭乾水分備用。
2. 用削皮刀削出 3 條約 2 公分寬的果皮。
3. 去除果皮和白色薄膜，只留下果肉備用。若連白色薄膜一起製成果醬的話，口感會變苦，所以需完全去除。
4. 在容器中加入葡萄柚果肉、糖、檸檬汁，用湯匙壓碎 70% 的果肉。
5. 將步驟❷的果皮貼附在保存容器的瓶身上，再倒入步驟❹的果肉。
6. 於常溫下靜置一天進行熟成，再放入冰箱冷藏。

01 葡萄柚氣泡飲

酸甜可口的葡萄柚果肉，搭配氣泡水的清涼口感，非常適合炎熱的夏季飲用。
清新自然的口感，尤其廣受討厭人工香料的人們所喜愛。
可在成品杯中添加 **1** ～ **2** 片葡萄柚切片，營造出是「現榨葡萄柚」汽水的感覺。

葡萄柚果醬 **4** 大匙
氣泡水 **1** 杯（**200c.c.**）
冰塊 **1** 杯
葡萄柚切片 **2** 片

1. 準備 1 個杯口較寬的成品杯。
2. 在杯中加入葡萄柚果醬。
3. 再加入冰塊至滿杯。
4. 於杯身貼上葡萄柚切片。
5. 倒入氣泡水至滿杯，並攪拌均勻後即完成。

善用果皮

大多數的果皮都帶有水果香氣。若覺得果醬的氣味太淡，可添加適量的果皮，以增加香味。

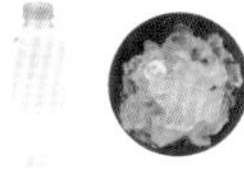

02 葡萄柚綠茶

由葡萄柚和綠茶所調成的飲品，是華人最常喝的飲料之一。
此款冷飲是將茉莉綠茶和葡萄柚果醬，以 **1**：**4** 的比例調製而成。
調製時，請避免加入過多的茶葉，以免味道過於苦澀。

葡萄柚果醬 **4** 大匙
茉莉綠茶茶葉 **1** 小匙（**5** 克）
熱水 **1/2** 杯（**100c.c.**）
冰塊 **1** 杯
裝飾用三色堇花瓣 適量

1. 在杯子中加入綠茶茶葉、熱水後，浸泡約 3 分鐘。
2. 濾掉茶葉。
3. 在成品杯中加入冰塊至滿杯，再加入葡萄柚果醬，以及步驟❷的綠茶。
4. 攪拌均勻，並於成品杯上方裝飾三色堇花瓣即完成。

沖泡綠茶和紅茶

泡茶時，茶葉用量約為 3 克，烹煮時間為 3 分鐘。每種茶葉適合的熱水溫度不同，綠茶為 75℃，紅茶為 95℃，溫度對了，才能散發出淡淡茶香。若是做為飲品基底的茶，在煮茶過程中可再增加茶葉的量。

03 葡萄柚冰沙

一邊咬著碎冰，一邊感受葡萄柚的酸香滋味，
世上沒有比吃著漸漸融化的冰沙更能解渴的了！
冰冰涼涼的冰沙，是大人和小孩喜愛的人氣飲品之一。

葡萄柚果醬 **6** 大匙
水 **1/2** 杯（**100c.c.**）
冰塊 **2** 杯
葡萄柚切片 **1** 片
迷迭香 適量

1. 在果汁機中加入冰塊 1 杯。
2. 再加入葡萄柚果醬和水，攪打成碎冰。
3. 加入另 1 杯冰塊後，再次攪打成碎冰。
4. 於成品杯中倒入步驟❸的冰沙，並以葡萄柚切片和迷迭香裝飾即完成。

每次只放 1/2 的冰塊攪打

在製作冰品時，請分次加入冰塊。一次全部加入的話，不僅味道會變淡，冰沙的質感也會不好。因此請先加入一半分量的冰塊和食材打成碎冰，再加入剩餘冰塊再次攪打，最後一起倒入成品杯中。

04 粉紅葡萄柚茶

許多人在家中自製葡萄柚飲品時，
總是因飲料色澤與市面上賣的有所差異而感到失望。
這時若能添加木槿茶，就能成功做出帶有紅色色澤的葡萄柚茶。

葡萄柚果醬 **4** 大匙
木槿茶包 **1** 包
熱水 **1** 杯（**200c.c.**）
水（預熱用）適量

1. 將水煮滾，在茶壺和成品杯中各倒入沸水至 5 分滿，溫熱 30 秒後倒掉。
2. 在茶壺中加入茶包和熱水，泡 3 分鐘左右。
3. 在成品杯中加入葡萄柚果醬。
4. 在杯中倒入步驟❷的木槿茶，攪均勻即完成。

依色澤偏好調整煮茶時間

隨著木槿茶烹煮時間的不同，其色澤也會不一樣。花草茶一般約需 4 分鐘的沖泡時間。若想泡出粉紅色的葡萄柚茶，需 3 分鐘左右；若想泡出紅色的葡萄柚茶，則約需 5 分鐘。

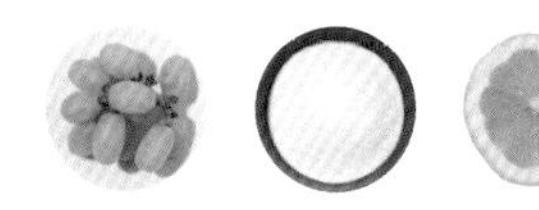

青葡萄果醬

以無籽的青葡萄所做成的青葡萄果醬，
不僅是製作冰沙、果汁汽水的最佳食材，
還能充分享受到咀嚼果肉的樂趣。
此外還能加入菠菜、羽衣甘藍等蔬菜，調製出與眾不同的飲品。
調製時，若先切除青葡萄的兩端，便能長久保持美麗色澤。
一星期內若未吃完，需放入冰箱冷凍。

青葡萄 **2** 杯（**200** 克）、糖 **1** 杯（**180** 克）、檸檬汁 **1** 大匙

1. 在大碗中放入青葡萄和醋水浸泡5～10分鐘。（勿浸泡過久，否則水果味道會消失。）
2. 將青葡萄放在廚房紙巾上，拭乾水分。
3. 切除青葡萄蒂頭容易變色的部分。
4. 將一半的青葡萄切成 0.5 公分厚的切片。
5. 在果汁機中加入剩餘的青葡萄、糖、檸檬汁並攪打成果泥。添加適量的青葡萄泥，可提升果醬的香氣。
6. 於保存容器中放入步驟❺的果泥和步驟❹的切片，於室溫下靜置，進行一天的熟成後，再放入冰箱冷藏。

05 青葡萄椰子汁

單喝椰子汁雖然健康，但口味總是有點普通。
若能加入青葡萄果醬，就能做出連小孩也愛喝的味道。
若仍覺得味道太淡，可再添加 **1** 匙的水蜜桃糖漿，味道會更濃郁。

青葡萄果醬 **3** 大匙
椰子水 **1** 杯（**200c.c.**）
冰塊 **1** 杯

1. 準備 1 個杯口較寬的成品杯。
2. 在成品杯中加入青葡萄果醬。
3. 再加入冰塊和椰子水即完成。
4. 若想讓飲品更冰涼，可放入冰箱冷藏後再飲用。

加入椰果增添口感

若在果汁中添加適量的椰果，更能增添Q彈的咀嚼口感。飲品使用的椰果，以小顆的為宜。

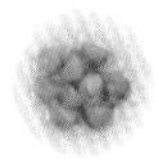

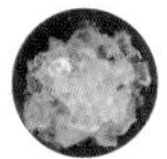

06 青葡萄甘藍果昔

綠色系果昔正流行！
青葡萄竟能與甘藍等綠色蔬菜調整成好喝的飲品？
透過蔬菜和青葡萄果醬的互補，一杯兼具甜蜜和苦澀的飲品誕生了！

青葡萄果醬 **5** 大匙
羽衣甘藍 **2** 片
水 **1/2** 杯（**100c.c.**）
冰塊 **1** 杯

1. 羽衣甘藍洗淨去梗，切成適當大小。
2. 在果汁機中放入青葡萄果醬及步驟❶的甘藍。
3. 再加入冰塊，以最快的速度攪打成碎冰。果汁機內有新鮮葉片時，均需以高速攪打，才能避免營養素流失。
4. 倒入杯口較小的成品杯中即完成。

以菠菜代替羽衣甘藍

若無羽衣甘藍時，也能以菠菜代替。葉片較小的菠菜，用量需是羽衣甘藍的兩倍，這樣才能做出綠色的果昔。使用羽衣甘藍會帶有苦澀味，菠菜則會有甜味。

07 青葡萄氣泡飲

水果汽水可說是夏天最有代表性的飲品之一。
飲用前，請先將沉澱在杯底的果醬攪拌均勻。
若覺得青葡萄的味道不夠，也可斟酌多添加一些青葡萄果醬。

青葡萄果醬 **4** 大匙
氣泡水 **1** 杯（**200c.c.**）
冰塊 **1** 杯
蘋果薄荷 適量

1. 在成品杯中加入青葡萄果醬。
2. 加入冰塊和氣泡水。
3. 以蘋果薄荷做裝飾即完成。
4. 飲用時，先以湯匙攪拌均勻再喝。

氣泡水最後倒入

調製氣泡飲品的過程中，氣泡水最後倒入，才能維持氣泡水的口感。而且由於密度較高的果醬會往下沉澱，與氣泡水自然分離，形成有層次感的色澤。

08 青葡萄汁

青葡萄十分甜，而且不酸，但若只加水打成果汁，味道又會稍微偏淡。
這時添加一些青葡萄果醬，就能完成味道較濃郁的青葡萄汁。
此外，由於青葡萄果粒不易軟化，製成飲品也能享受咀嚼果肉的口感。

青葡萄果醬 **2** 大匙
青葡萄 **1** 杯（**100** 克）
水 **1** 杯（**200c.c.**）
冰塊 **1** 又 **1/2** 杯

1. 於成品杯中加滿 1 杯冰塊備用。
2. 在果汁機中另放入 1/2 杯的冰塊，打成碎冰後，取出備用。
3. 在果汁機中放入青葡萄果醬、青葡萄和水，攪打成果汁。
4. 將果汁倒入裝有冰塊的成品杯中。
5. 最後在杯子的最上方擺放碎冰即完成。

青葡萄汁的飲用方式

由於青葡萄汁容易變成褐色，難以久放，建議 1 ～ 2 小時內飲用完畢。若是採用榨取方式取得的青葡萄汁，則較能維持淡綠色的色澤。

CUISINE HABITS

奇異果果醬

富含葉酸的奇異果，非常建議發育中的兒童或孕婦食用。
以奇異果果醬調製而成的飲品，色澤也非常漂亮。
製作時，請以綠色的奇異果為主，果醬的酸味和甜味較能達到平衡；
若是選擇味道較甜的黃金奇異果，
需再添加檸檬或萊姆以增加酸味，並降低糖的用量。

中型奇異果 **3** 顆（**180** 克）、糖 **1** 杯（**180** 克）、檸檬汁 **1** 大匙

1. 洗淨的奇異果用水果刀削掉薄皮，切除兩端的果蒂。
2. 將 2 顆奇異果切成長寬高各約 1 公分的方塊備用。
3. 在大碗中加入 1 顆奇異果、糖、檸檬汁，一邊將奇異果搗碎一邊混合均勻。
4. 再加入步驟❷的奇異果塊，再次攪拌均勻。
5. 放入保存容器中，並置於室溫中進行一天的熟成後，放入冰箱冷藏。

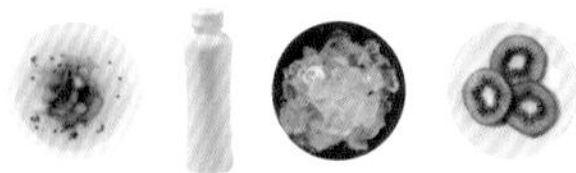

09 奇異果優酪乳

含有豐富纖維的奇異果，能夠有效幫助腸胃蠕動，
不僅好喝，而且非常健康！
強力推薦給每天早上腸胃不適的人。

奇異果果醬 **6** 大匙
優酪乳 **1** 杯（**200c.c.**）
冰塊 **1** 又 **1/2** 杯
奇異果切片 **3** 片

1. 在果汁機中加入奇異果果醬、優酪乳、冰塊，攪打成果昔。
2. 準備杯口較寬的成品杯，在杯身貼上奇異果切片。
3. 在成品杯中倒入步驟❶的果昔即完成。

添加其他食材當作早餐

在奇異果優酪乳中添加麥片、堅果類、杏仁片等食材，即可當成早餐的代餐。這也是近年咖啡店的人氣餐點之一！

10 奇異果薄荷茶

有天然消化劑之稱的薄荷，經常製作成餐後享用的飲品。
在奇異果果醬中添加薄荷茶，即可完成帶有甜味與薄荷香的茶飲。
若於果醬中改添加瑪黛茶，也能做出類似味道的飲料。

奇異果果醬 **5** 大匙
薄荷茶茶葉 **1** 小匙（**2** 克）
熱水 **1/2** 杯（**100c.c.**）
奇異果切片 **1** 片
蘋果薄荷 適量

1. 在熱水中加入薄荷茶茶葉，沖泡3分鐘。
2. 將薄荷茶濾掉茶葉備用。
3. 在成品杯中加入奇異果果醬。
4. 再加入步驟❷的薄荷茶，並攪拌均勻。
5. 最後以奇異果切片和蘋果薄荷做裝飾即完成。

在果醬中添加羅勒

奇異果籽和羅勒籽的顏色和味道差不多。在製作奇異果果醬的最後階段，也可添加 **1** 小匙的人氣減肥食材——羅勒籽，可提升果醬風味。

萊姆果醬

萊姆是調製各式飲品的最佳基底之一。
不過新鮮萊姆的售價，比檸檬、葡萄柚高，建議可使用冷凍萊姆。
切割冷凍狀態下的萊姆，也比較能維持形狀。
但萊姆容易在浸泡一兩天後變色，
若想保持漂亮的色澤，在糖溶解之後要立即冷凍，
並建議用夾鏈袋分裝成小分量，才便於每次的使用。

中型萊姆 **3** 顆（**180** 克）、阿洛糖 **1/2** 杯（**90** 克）、白糖 **1/2** 杯（**90** 克）

1. 萊姆用水清洗乾淨，擦乾水分。
2. 萊姆兩端各切除掉 1 公分厚度。
3. 再切成 0.5 公分厚度的圓片。
4. 阿洛糖和白糖以等比例混合。若只使用阿洛糖，可能會不夠甜。
5. 在保存容器中一邊加入萊姆切片，一邊倒入步驟❹的糖。
6. 置於室溫下進行 3 天的熟成後，再放入冰箱冷藏。

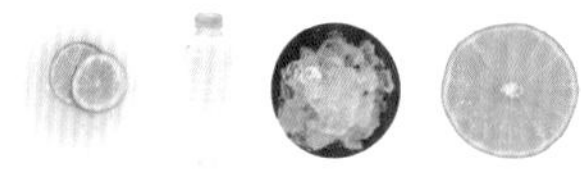

11 萊姆思樂冰

夏天最佳消暑飲品！
連同萊姆切片一起放入果汁機中攪打，此款飲品會帶有萊姆獨特的苦澀味。
若不太喜歡萊姆的苦澀，可嘗試加入汽水調製。

萊姆果醬 **4** 大匙
水 **1** 杯（**200c.c.**）
冰塊 **1** 又 **1/2** 杯
萊姆切片 **1** 片

1. 備好萊姆果醬和萊姆切片。
2. 在果汁機中加入萊姆果醬（含萊姆切片）、水，並攪打均勻。
3. 再加入冰塊攪打成冰沙。
4. 將冰沙倒入備好的成品杯中，最後以萊姆片做裝飾即完成。

TIP 冰沙的種類

冰品依照冰塊質地，可製成不同口感的冰沙。義式冰沙的質感和雪酪（Sherbet）相似，果昔的口感則為柔滑綿密，思樂冰介於兩者之間。

  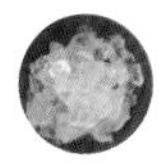

12 萊姆黃瓜飲

近年以蔬菜製成的飲品大受歡迎，小黃瓜即是其中之一。
小黃瓜含有豐富的水分，因此常做成各種飲品和雞尾酒的基底。
就算不喜歡小黃瓜味道，萊姆果醬也能將它完美覆蓋掉。

萊姆果醬 **4** 大匙
小黃瓜縱切片 **2** 片
水 **1** 杯（**200c.c.**）
冰塊 **1** 杯

1. 小黃瓜用削皮刀削出 2 片長形薄片。
2. 在成品杯中加入 1 片小黃瓜片。
3. 再加入冰塊半杯、萊姆果醬 2 大匙。
4. 接著再放入 1 片小黃瓜片。
5. 倒入萊姆果醬 2 大匙、冰塊半杯，最後倒入水，攪拌均勻即完成。

COOKING TIP 小黃瓜需用削皮刀切片

之所以要用削皮刀切片，是因為小黃瓜接觸到水的面積愈廣，愈能將香味散發出來。因此盡可能將小黃瓜削成薄片，不僅美觀，而且又好吃。

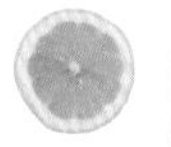
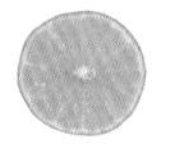

13 莫希托

莫希托是美國作家海明威喜愛飲用的雞尾酒之一，近年來逐漸受到人們歡迎。
調製方法非常簡單，只要有萊姆果醬和蘋果薄荷就行，
即使沒有添加任何酒精飲品，也能做出和莫希托相同的味道。

萊姆果醬 **4** 大匙
蘋果薄荷約 **5** 克分量
檸檬汁 **1** 大匙
氣泡水 **1** 杯（**200c.c.**）
冰塊 **1** 杯
萊姆切片 **1** 片

1. 將蘋果薄荷的葉片剝下、洗淨備用，並將冰塊敲碎。
2. 在成品杯中加入萊姆果醬、檸檬汁，並放入蘋果薄荷超過杯沿，讓它感覺上是沿著杯身長出來的。
3. 杯中再加入碎冰與氣泡水，並攪拌均勻。
4. 以萊姆切片做裝飾即完成。

莫希托

調製莫希托的食材，有萊姆、蘋果薄荷、檸檬汁。以萊姆和檸檬汁的搭配，來呈現雞尾酒中不可或缺的白橙皮酒（Triple Sec）、利口酒（Liqueur）的香氣。檸檬汁與萊姆果醬的調配比例約為 1：4。

14 萊姆香草茶

有天我收到麵包師傅朋友自製的墨西哥萊姆口味的杯子蛋糕，
那是奶油和萊姆完全融為一體的蛋糕，真的非常好吃。
這款萊姆香草茶的點子，就是來自於那蛋糕的味道。

萊姆果醬 **3** 大匙
香草紅茶茶葉 **1** 小匙（**2** 克）
熱水 **1** 杯（**200c.c.**）
水（預熱用）適量

1. 先將水煮滾，在茶壺和成品杯中各倒入滾水至 5 分滿，溫熱 30 秒後倒掉。
2. 在預熱好的茶壺中，加入香草紅茶茶葉、熱水，沖泡 2 分鐘後，濾掉茶葉備用。
3. 在預熱好的成品杯中，加入萊姆果醬。
4. 再倒入步驟❷的香草紅茶即完成。

香草紅茶沖泡時間較短

紅茶最適當的沖泡時間為 3 分鐘，但香草紅茶要更短。浸泡的時間若過長，紅茶的澀味和香氣會愈濃，有可能掩蓋主食材的味道和香氣。

百香果果醬

擁有百種香味的百香果，是熱帶地區的代表性水果。
若不喜歡百香果的特殊氣味，可以用檸檬汁來掩蓋。
一般以冷凍百香果來製作百香果果醬，
但需留意，製作前請先去除包覆在籽周圍的白色薄膜。
百香果和茉莉花茶、綠茶、烏龍茶等都十分搭。
每次飲用前，搖晃一下、攪拌均勻，味道會更好。

中型百香果 **3** 顆（**240** 克）、糖 **1** 杯（**180** 克）、檸檬汁 **2** 大匙

1. 將冷凍的百香果切半，用湯匙將籽挖出，放入大碗中。
2. 灑上檸檬汁，像醃肉般泡 5 分鐘，以去除百香果中的特殊氣味。
3. 再加入糖，攪拌至糖完全溶化。
4. 放入保存容器，於室溫下靜置進行一天的熟成，再放入冰箱冷藏。

需先去除果殼及外層的白色薄膜

百香果需先去除果殼和外層的白色薄膜，只留下籽備用。若不去除薄膜，製成的果醬口感較不佳，因此請先以湯匙輕輕刮除薄膜。

15 百香果氣泡飲

清涼嗆鼻的氣泡水，和百香果籽的咀嚼口感堪稱是最完美的搭配。
而且一定要將百香果籽咬破，味道會更好，
請使用粗吸管，這樣才能品嘗到百香果籽的味道。

百香果果醬 **5** 大匙
氣泡水 **1** 杯（**200c.c.**）
冰塊 **1** 杯
檸檬切片 **1** 片

1. 在成品杯中加入百香果果醬。
2. 依序加入冰塊和氣泡水。
3. 用攪拌匙上下攪拌均勻。
4. 最後以檸檬片做裝飾即完成。

以汽水代替氣泡水

以汽水代替氣泡水時，需降低甜度，所以只要加入百香果果醬原來用量的 3/5 即可。此外，果醬中的百香果籽不易破碎，所以可毫無顧忌地用力攪拌。

16 百香果綜合莓果茶

玫瑰茶宛如玫瑰酒般，有著唯美的粉紅色澤，很受女性喜愛。
這款綜合莓果茶則能呈現更為鮮艷的粉紅色調，
再搭配黃橙色的百香果籽，可營造出如夕陽般的浪漫氛圍。

百香果果醬 **5** 大匙
綜合莓果茶包 **1** 包
熱水 **1/2** 杯（**100c.c.**）
冰塊 **1** 杯

1. 在杯中倒入熱水，加入莓果茶包，待味道釋出，取出茶包。
2. 在另外一個成品杯中，倒入冰塊、百香果果醬。
3. 再倒入步驟❶的莓果茶。
4. 最後放入莓果茶包以增添茶味。

在飲品中加入茶包

在飲品中加入茶包，可預防飲品出現愈喝味道愈淡的情況。最近市售的飲品會在冰茶之類的茶飲中加入茶包，一直到飲用完之前，都能品嘗到茶香。

檸檬果醬

在讓人昏昏欲睡的夏天，來一杯檸檬汽水振奮精神；
或在寒冷的冬天，來杯熱熱的檸檬茶祛寒⋯⋯
含有豐富維生素 C 的檸檬飲品，不管夏天還是冬天，都是人氣最高的飲料。
製作檸檬果醬時，一定要將檸檬兩端帶苦澀味的部位切除。
以光滑果膠包覆住的檸檬籽也需去掉，才能避免苦澀的味道。
由於檸檬本身的甜度高，製成檸檬果醬時，建議也可使用甜度較低的木糖。

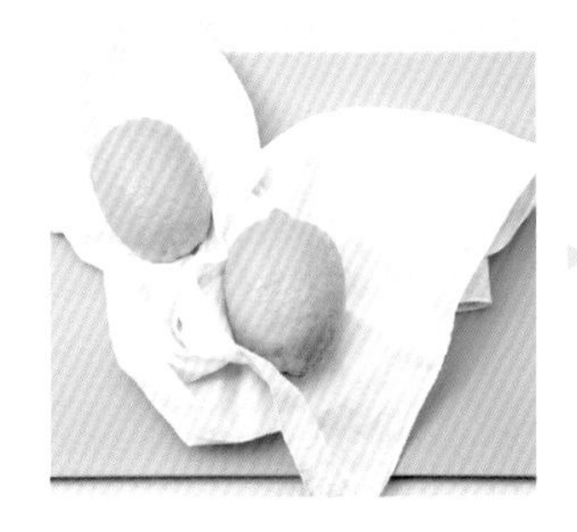

中型檸檬 **2** 顆（**200** 克）、糖 **1** 杯（**180** 克）

1. 檸檬用水清洗乾淨，擦乾水分。
2. 檸檬兩端各切除 2 公分後，將切除部分的果皮，以刀子切碎備用。因為柑橘類果皮帶有濃烈香氣，需善加利用。
3. 將已切除兩端的檸檬切成 0.5 公分厚的圓片，並去籽。
4. 在大碗中加入糖和步驟❷的檸檬皮碎片，攪拌均勻。
5. 在保存容器中一邊放入去籽的檸檬切片，一邊放入步驟❹拌勻的糖。
6. 放置室溫下進行 3 天的熟成後，於冰箱冷藏。

17 檸檬茶

製作檸檬果醬的最大理由，就是為了喝一杯熱熱的檸檬茶吧？
請試著泡一杯香氣四溢的檸檬茶，
不管什麼時候喝，都能補充維生素，獲得滿滿的能量！

檸檬果醬 **4** 大匙
熱水 **1** 杯（**200c.c.**）
水（預熱用）適量

1. 先將水煮滾，在茶壺和成品杯中，倒入滾水至 5 分滿，溫熱 30 秒後倒掉。
2. 在預熱好的杯中加入檸檬果醬。
3. 再倒入熱水，並攪拌均勻。
4. 浸泡 2 分鐘後即完成。

先預熱成品杯

調製熱飲時，對於成品杯的掌握十分重要。隨著溫度的變化，飲品的味道也會不一樣。以事先準備好的熱水，先將成品杯預熱。而在預熱好的杯中需先加入冷藏的果醬，才能有效縮減溫差。

18 檸檬氣泡飲

渾身無力又疲勞的時候，來杯檸檬汁吧！
酸酸甜甜檸檬汁，富含維生素，又能讓你提升能量，也可以幫助轉換心情。
稍微加點鹽的話更好喝！

檸檬果醬 **4** 大匙
氣泡水 **1** 杯（**200c.c.**）
冰塊 **1** 杯
鹽 **1** 小撮（**0.2** 克）

1. 準備 4 大匙檸檬果醬，每大匙中須包含 1 ～ 2 片的檸檬在內。
2. 將果醬放入成品杯中，並加入 1 小撮鹽，攪拌均勻。
3. 再放入冰塊加到滿，最後倒入氣泡水攪拌均勻即完成。

在飲料中添加鹽

在檸檬氣泡飲中加鹽，可增加有助於人體吸收的礦物質的含量。身體無精打采、疲憊的時候，可以馬上恢復元氣。加鹽後味道不會變鹹，而是使味道變得更豐富。

   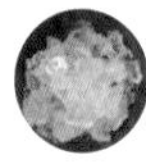 

19 檸檬紅茶

源自某位販售熱紅茶的商人，某天在紅茶中添加冰塊後，突然調製而成的飲品。
自此之後，冰紅茶便成為大受歡迎的飲料。
若再添加酸甜的檸檬果醬，就是在咖啡店始終人氣不墜的經典飲品！

檸檬果醬 **4** 大匙
坎迪紅茶包 **1** 包
水 **1** 杯（**200c.c.**）
冰塊 **1** 杯
蘋果薄荷　適量

1. 準備 1 杯常溫的水。
2. 在杯中加入坎迪紅茶包。
3. 1 小時後，取出茶包，加入含檸檬片在內的檸檬果醬。
4. 加入冰塊後，用攪拌匙攪拌均勻。
5. 最後以蘋果薄荷做裝飾即完成。

以太陽茶泡製法製作紅茶

沏茶法中，除了冷泡熱泡，還有一種太陽茶（Sun Tea）泡法。在有陽光照射的環境中，試著用常溫水泡紅茶 1 小時。比起從冰箱取出的冰水，以常溫下的水來泡，茶的風味更佳。

20 檸檬可樂

好幾年前開始，在咖啡店裡都能看到飲品菜單上
有許多櫻桃或檸檬類的飲品，如櫻桃可樂、檸檬可樂。
這類飲品都十分好喝，而且說不定還會勾起往日的回憶！

檸檬果醬 **2** 大匙
可樂 **1** 杯（**200c.c.**）
冰塊 **1** 杯

1. 在成品杯中加入含檸檬切片在內的檸檬果醬。
2. 再加入冰塊，可讓果醬降溫。
3. 倒入 1/2 杯可樂，並攪拌均勻。
4. 最後倒入剩餘的可樂並再次拌勻即完成。

每次只倒一半的可樂

若一次倒完可樂，很難和果醬拌勻。因此只先倒入一半的可樂，攪拌均勻後，再倒入另一半，即可馬上飲用，又能避免氣泡不斷排出。

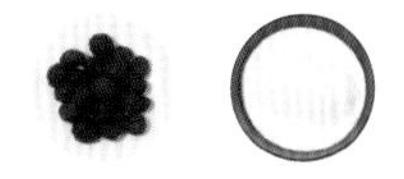

覆盆子果醬

將顏色鮮豔的覆盆子做成果醬後，不僅可用來調製成各種飲品，
也可以做為手作烘焙的食材，讓成品散發出如萊姆般的異國香味。
覆盆子也因含有豐富的花青素和維生素成分，所以適合注重皮膚保養的人食用。
若沒有覆盆子，也能以山莓（又名為變葉懸鉤子）做成果醬，
因酸度較覆盆子低，所以需再添加適量的檸檬汁，以增加酸度。
2 杯山莓適合搭配 **3** 匙的檸檬汁，口味相當調和。

覆盆子 **1** 又 **1/2** 杯（**240** 克）、糖 **1** 又 **1/2** 杯（**270** 克）

1. 準備好冷凍覆盆子備用。
2. 在大碗中加入覆盆子、糖，攪拌均勻。
3. 置於室溫下，待覆盆子排出水分、自然軟化，這期間需每隔 30 分鐘攪拌一次，讓糖溶化。
4. 夏天的話，靜待 2 小時並攪拌 4 次，冬天則 3 小時攪拌 6 次。
5. 待糖都溶化後，以手持式攪拌器攪拌 5 秒。
6. 在保存容器中加入步驟❺的食材，放入冰箱冷藏，進行一天的熟成後再使用。

21 覆盆子奶香氣泡飲

在汽水中添加冰淇淋，調製出散發奶香味的氣泡飲品。
這也是日本人喜愛的飲品之一，在日本，帶有奶香氣的泡飲十分出名。
今天就讓我們一起來調製看看吧！

覆盆子果醬 **2** 大匙
香草冰淇淋 **1** 球
氣泡水 **1** 杯（**200c.c.**）
冰塊 **1** 杯
蘋果薄荷　適量

1. 在杯口較寬的成品杯中加入覆盆子果醬。
2. 倒入冰塊、氣泡水。
3. 再加入冰淇淋。並用湯匙將冰淇淋輕輕壓入杯中，只露出上半球。
4. 依個人喜好以適量的蘋果薄荷做裝飾即完成。

將冰淇淋輕壓入飲品中

調製奶香氣泡飲時，需將冰淇淋輕輕壓入飲品中。冰淇淋再浮上飲料上方時，會生成細緻的泡沫，這些泡沫可讓飲品變得更好喝。溶化成奶油狀的冰淇淋和微微結凍的泡沫，能帶出特殊口感。

22 覆盆子莫希托

近年在咖啡館裡也能品嘗到莫希托了，
如蘋果莫希托、覆盆子莫希托⋯⋯。
這款覆盆子和萊姆相遇的飲品，不僅有美麗的色澤，而且出乎意料地好喝！

覆盆子果醬 **3** 大匙
萊姆果醬 **1** 大匙
→作法參考 **P43**
檸檬汁 **1** 大匙
蘋果薄荷約 **5** 克分量
氣泡水 **1** 杯（**200c.c.**）
冰塊 **1** 杯
萊姆切片 **1** 小片

1. 將蘋果薄荷的葉片剝下、洗淨備用。冰塊敲碎。
2. 在成品杯中加入覆盆子果醬、萊姆果醬、檸檬汁，並攪拌均勻。
3. 將蘋果薄荷葉環繞擺放一圈在杯中。
4. 加入碎冰、氣泡水，上下攪拌均勻。
5. 最後以萊姆切片做裝飾即完成。

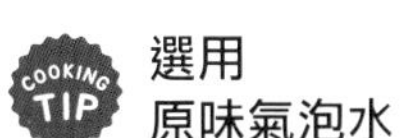

選用原味氣泡水

做為飲品基底的氣泡水以原味為宜。在以天然食材製作而成的果醬中，添加原味氣泡水才不會掩蓋住食材的味道。檸檬香、萊姆等口味的氣泡水，則適合添加在味道較淡的果醬中。

   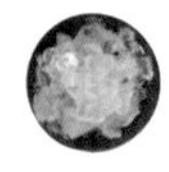 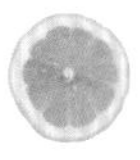

23 覆盆子檸檬果昔

喝過草莓果昔嗎？它是將草莓和檸檬攪打成泥狀後製作而成的。
不過，今天來換個口味，改以覆盆子製作果昔吧！
在杯中以檸檬切片做裝飾，在品嘗飲品的同時，也能聞到檸檬的清香！

覆盆子果醬 **4** 大匙
檸檬果醬 **2** 大匙
→作法參考 **P53**
水 **1** 杯（**200c.c.**）
冰塊 **1** 又 **1/2** 杯
檸檬切片 **1** 小片

1. 在果汁機中加入覆盆子果醬、檸檬果醬（連檸檬切片也一起加入）、水。
2. 再一起攪打均勻。
3. 繼續加入冰塊，攪打成碎冰，做成果昔。
4. 在準備好的成品杯中，倒入步驟❸的果昔，最後以檸檬片做裝飾即完成。

果昔分成兩階段攪打

若想品嘗到柔滑口感的果昔，需先將冰塊以外的所有食材攪打成泥後，再加入冰塊打成碎冰。這就是製作好喝果昔的訣竅。

24 覆盆子果昔

以牛奶或優酪乳為基底調製出的飲品，
比無味基底更易掩蓋住主食材的味道和香氣，所以需增加果醬的分量。
若不是以優酪乳為基底，只要將覆盆子的量減少到 **2** 大匙即可。

覆盆子果醬 **5** 大匙
原味優酪乳 **1** 杯（**200c.c.**）
冰塊 **1** 又 **1/2** 杯
迷迭香 適量

1. 在果汁機中加入覆盆子果醬、原味優酪乳、冰塊。也能以優格代替優酪乳。
2. 以果汁機最快的速度攪打均勻。待冰塊攪打成碎冰後，以最慢速攪打 10 秒。
3. 在準備好的成品杯中倒入步驟❸的果昔，再以迷迭香做裝飾即完成。

飲品和花草的搭配

需先考量到飲品的甜度和香味，再來挑選適合的裝飾用花草。甜度高的飲品，適合以香味強的迷迭香做裝飾，又可稍微降低飲品的甜度。主食材味道強烈的飲品，則建議以蘋果薄荷等香味較淡的香草做裝飾。

＊照片中為了呈現濃縮汁的內容物，因此連食材也一併拍出來。但實際上，濃縮汁是濾掉雜質後的乾淨液體。

以「濃縮汁」調製的飲品

濃縮汁，即一般所謂的濃縮液、萃取液。
源自現代冷凍技術發達以前，歐洲人於糖水中加入花草烹煮，
以便萃取其藥效成分，日後，逐漸將這樣的方法轉而應用在水果上。
在製作過程中，雖然因需加熱而使香氣流失、降低水果的新鮮度，
但卻能和各種飲料搭配，因此活用度極高。
在加熱完成、經過 12 小時的冷卻後，再濾掉雜質，只留下乾淨的液體裝瓶。

◎ 主食材 花草和水果

果醬和濃縮汁的最大差異在於：是否經過加熱步驟。濃縮汁需經過加熱步驟，以萃取食材成分，但無需經過熟成階段。反之，果醬則需經過等糖溶化和熟成的階段。若想以花草做為飲品基底，可以試著將花草製成花草濃縮汁。此外，可做成果醬的水果，一般也都可以製成濃縮汁。

◎ 調製重點 水沸騰後，續煮 5 分鐘

製作濃縮汁，火候和時間非常重要。若以大火長時間烹煮水果，其香味易消失。因此水沸騰後，改以中火續煮 5 分鐘，以蒸發掉水分。煮好後，連主食材一起靜置 12 個小時，這是以低溫萃取主食材成分的過程。最後，再用濾網濾掉雜質。濃縮汁味道取決於這個步驟。此外，香草不需經過烹煮階段，僅需浸泡即可。

◎ 注意事項 請勿額外增加液體的量

在家中製作濃縮汁時，最容易犯的錯就是太在意濃縮汁的量。若為了增加液體的量而加入過多的水，或在過濾過程中從主食材壓榨出果汁，都是錯誤的行為。增加過多的水分，會破壞水果和糖的比例，而且容易壞掉；壓榨水果，則會讓水分滲入濃縮汁中，影響味道。

◎ 保存方法 冷藏 3 ～ 6 個月

果醬裝瓶後、開瓶前的這段期間，可以置於常溫下。若想長期置於常溫下，則需增加糖的用量，一般可保存 3 ～ 6 個月。濃縮汁以選用瓶身長的瓶子為宜，需要時，無需用湯匙舀，將瓶子傾斜倒出來即可。

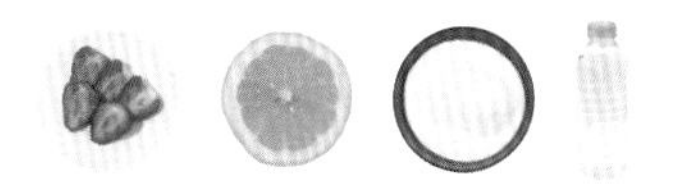

草莓濃縮汁

這是一年四季都受小孩喜愛的飲品。
沒有必要執著於使用新鮮草莓，以冷凍草莓製作，味道也差不多。
先將草莓冷凍後，需要時隨時取出做成濃縮汁，再調製成孩子們愛喝的飲品。
無需擔心草莓的甜度太低，做為基底用的水果濃縮汁酸度需較高，
這也是為何要添加檸檬汁的原因。
草莓濃縮汁和氣泡水所調製而成的飲品，口感和香檳很像。

草莓 **4** 杯（**500** 克）、糖 **2** 杯（**360** 克）、水 **2** 杯（**400c.c.**）、檸檬汁 **4** 大匙

1. 草莓用水清洗乾淨，去蒂。
2. 在鍋中加入糖、檸檬汁、草莓，攪拌均勻，靜置 3 小時。
3. 在鍋中加入水烹煮。
4. 待沸騰時，以中火繼續加熱 5 分鐘後離火，並靜置 12 小時，待其冷卻。
5. 最後濾掉果肉和雜質後，將液體裝瓶，放入冰箱冷藏。

25 草莓牛奶

非常受歡迎的飲料，是一款充滿愛的飲品！
一般只想到要將牛奶中的草莓壓碎，但其實飲品味道的關鍵在於草莓濃縮汁。
在杯中加入草莓濃縮汁、牛奶和草莓後，請記得先搖晃一下杯子再喝。

草莓濃縮汁 **5** 大匙
中型草莓 **5**～**6** 顆
草莓切片 **2** 顆草莓分量
牛奶 **1** 杯（**200c.c.**）

1. 草莓洗淨，去蒂。其中 2 顆草莓切片。
2. 在大碗中加入草莓濃縮汁、整顆的草莓，並將草莓壓碎至汁流出後，放入成品杯。
3. 再加入牛奶和草莓切片，蓋上瓶蓋即完成。
4. 食用前，先將瓶子搖晃後再喝。

草莓牛奶的飲用方法

在成品杯中加入草莓牛奶後，草莓會立即沉澱。因此飲用前需搖晃一下，讓草莓均勻分布。製作完須當日飲用，才能感受到新鮮草莓的味道。

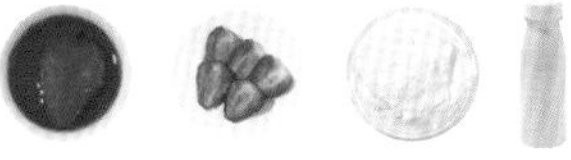

26 草莓奶昔

草莓濃縮汁的用途十分多，可做成種類豐富的飲品。
草莓奶昔則是我家小孩最喜歡的飲品之一。
少量的粉紅色濃縮汁，在冰淇淋和牛奶的乳白色奶香中，營造出鮮甜的氛圍！

草莓濃縮汁 **4** 大匙
草莓 **1** 杯
香草冰淇淋 **2** 球
牛奶 **1/2** 杯（**100c.c.**）
草莓切片 適量

1. 草莓用水清洗乾淨，去蒂。留 1 顆草莓對切一半裝飾用，其餘切片。
2. 在果汁機中加入草莓濃縮汁、草莓、冰淇淋、牛奶。
3. 先以高速攪打成泥後，再以低速攪打 10 秒。
4. 在成品杯中倒入草莓奶昔，最後用草莓切片做裝飾即完成。

奶昔的攪打技巧

在果汁機中加入食材攪打時，需先以高速攪打，才能避免營養素被破壞。接著以低速攪打，才能做出滑順的口感。

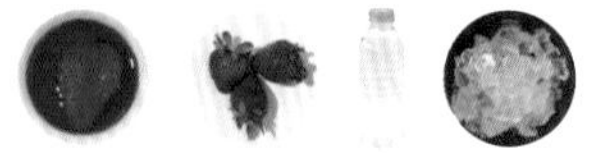

27 草莓汁

草莓汁是任何人都能在家輕鬆調製的飲品。
除了冬天和春天外，也可使用冷凍草莓來調製，雖然味道略遜於新鮮草莓。
在各種飲品中添加適量的草莓濃縮汁，都能增添風味！

草莓濃縮汁 **5** 大匙
草莓 **1** 杯
水 **1** 杯（**200c.c.**）
冰塊 **3** ～ **4** 塊

1. 在果汁機中加入草莓濃縮汁、草莓、水，並攪打均勻。
2. 若想要更柔滑的口感，則需再攪打一次。
3. 在成品杯中加入冰塊，倒入步驟❷的果汁即完成。

當季草莓的冷凍法

草莓洗淨並去蒂後，切口處朝下、一顆顆平鋪在托盤上放入冰箱冷凍一天。然後取出草莓，為了避免水分流失，再用夾鏈袋分袋包裝，再次放入冰箱冷凍，這樣才能完整保有草莓的形狀和色澤。

28 草莓羅勒

此款飲品是因為列在韓國聖水洞某間知名咖啡店的飲品菜單而出名。
依照品種不同，羅勒的香氣有濃郁有溫和，經常活用在料理和飲品上，
當它和水果相遇時，更能增添其獨特的香味。

草莓濃縮汁 **6** 大匙
草莓切片 **5**～**6** 片
羅勒葉 **5** 片
氣泡水 **1** 杯（**200c.c.**）
冰塊 **1** 杯

1. 在成品杯中加入草莓濃縮汁及冰塊。
2. 繼續加入半杯氣泡水攪拌均勻。
3. 羅勒葉用刀背搗碎。在步驟❷的成品杯中，加入羅勒葉碎片，並倒入剩餘的氣泡水。
4. 最後放上草莓切片即完成。

讓羅勒散發香氣的方法

所有羅勒葉都會散發出香味。在將羅勒加入飲品中時，需用刀背或攪拌棒搗碎，才能完全釋發出香味。裝飾用的羅勒只需放在手掌上，用手指稍微揉捏一下，再放入飲品中，就會散發出淡淡香味。

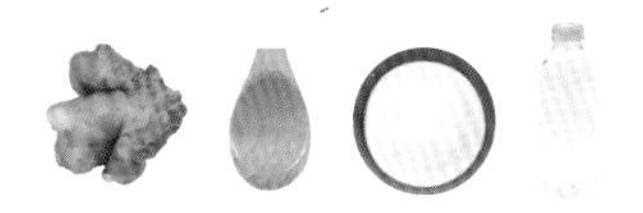

生薑濃縮汁

為了品嘗美味的生薑茶，請試著自製生薑濃縮汁，
做為家中一年四季預防感冒的養生飲品。
製作時，以水分含量高、比較不辣的生薑較佳。
由於秋天過後的生薑會自然生成澱粉，所以請在冬天前製作濃縮汁。
若想讓生薑藥效更好，建議用不削皮的生薑，
再以果糖、紅糖等精緻度低的糖來呈現濃縮汁的顏色。
若再添加少許的蜂蜜，可消除生薑的辣味，讓味道變得更為柔滑順口。

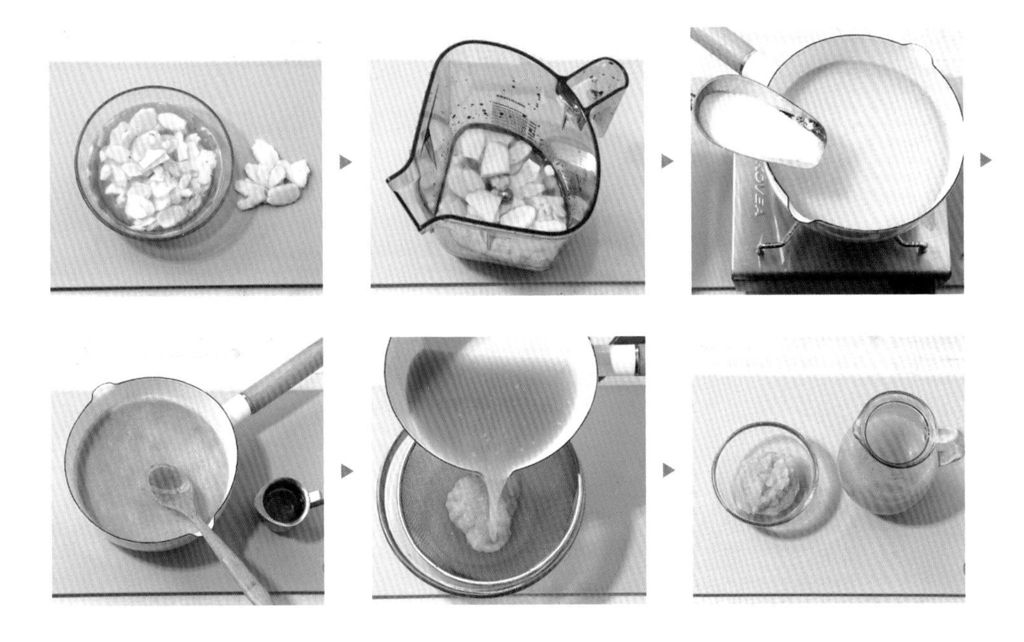

生薑 **1** 又 **1/2** 杯（**200** 克）、糖 **2** 杯（**360** 克）、水 **2** 杯（**400c.c.**）、蜂蜜 **1** 大匙

1. 生薑用水清洗乾淨。
2. 切成 0.5 公分厚的切片，用冷水泡 3 小時，去除辣味和澱粉後取出。
3. 在果汁機中加入生薑片、水，並攪打均勻。
4. 在鍋中加入步驟❸的生薑水、糖烹煮至沸騰，再以中火續煮 10 分鐘，關火。
5. 再於鍋中加入蜂蜜並攪拌均勻，靜置 12 小時，使其冷卻並萃取出生薑成分。
6. 濾掉生薑渣和雜質後，將液體裝瓶，放入冰箱冷藏。

    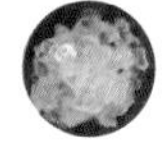 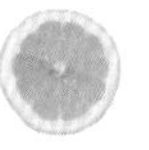 

29 生薑艾爾

這是小孩非常愛喝的飲品之一。
若再添加少許的肉桂糖漿，可讓味道變得更為豐富。
調製給兒童喝時，可降低生薑濃縮汁的量，並增加檸檬果醬的用量。

生薑濃縮汁 **4** 大匙
檸檬果醬 **1** 大匙
→作法參考 **P53**
肉桂糖漿 **1** 小匙
→作法參考 **P123**
氣泡水 **1** 杯（**200c.c.**）
冰塊 **1** 杯
檸檬切片 **1** ～ **2** 片
肉桂片 適量

1. 在成品杯中加入生薑濃縮汁、檸檬果醬、肉桂糖漿，並攪拌均勻。
2. 於杯身貼上檸檬片，加入冰塊。
3. 再倒入氣泡水並攪拌均勻。
4. 最後放入肉桂片即完成。

添加適量的肉桂片

生薑和肉桂是最佳的組合。肉桂可降低生薑的辣味和香味。在添加冰塊的飲品中加入肉桂，即可完成散發出香氣的美味飲品。1 杯飲品以加入 7 ～ 8 公分長的肉桂為宜。

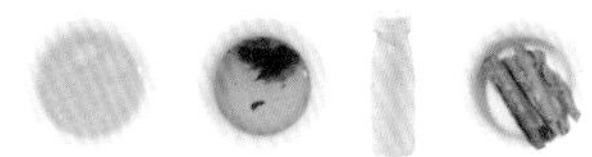

30 生薑拿鐵

生薑和牛奶的組合是不是很陌生？其實，這組合能夠迸出新美味！
由於生薑降低了牛奶的油膩感，所以喝起來非常爽口，
就算是不喜歡牛奶的人，也絕對會愛上它！

生薑濃縮汁 **4** 大匙
肉桂糖漿 **1** 小匙
→作法參考 **P123**
牛奶 **1** 杯（**200c.c.**）
肉桂片 適量
水（預熱用）適量

1. 先將水煮沸，在成品杯中倒入滾水至 5 分滿，溫熱 30 秒後倒掉。
2. 在預熱好的杯中加入生薑濃縮汁和肉桂糖漿，攪拌均勻。
3. 在鍋中倒入牛奶，以中小火邊煮邊攪拌，冒泡後關火，再倒入步驟❷的杯中。
4. 在杯子上放肉桂片做裝飾即完成。

加入濃縮汁的最佳時機

以濃縮汁調製熱飲的過程中，在成品杯裡先加入濃縮汁，讓涼氣先消失，才能和熱飲自然融合。若最後才加入濃縮汁，不僅會降低熱飲的溫度，味道也會較差。

31 生薑氣泡飲

第一眼看上去很像啤酒的生薑氣泡飲，
其實是以生薑濃縮汁加入糖漿後所調製出的飲品。
生薑的辣味搭配糖漿的甜蜜口感，創造出啤酒的味道，連兒童也愛喝！

生薑濃縮汁 **4** 大匙
玉米糖漿 **1** 大匙
氣泡水 **1** 杯（**200c.c.**）
冰塊 **1** 杯
檸檬切片 **1** 片

1. 在容器中加入生薑濃縮汁和糖漿，並攪拌均勻。
2. 在成品杯中加入冰塊和步驟❶的混合液。
3. 倒入氣泡水攪拌均勻。
4. 最上方以檸檬片做裝飾即完成。

以黑糖代替糖漿

糖漿是精製糖製作過程中的副產品，可在商店中買到。若沒有糖漿，也能以黑糖代替，有焦糖成分的黑糖也能品嘗到和糖漿一樣的風味。

32 生薑美式咖啡

過去喝美式咖啡總會添加適量的糖漿，
今天就來換換口味，改添加和美式咖啡十分相配的生薑濃縮汁，
馬上調出一杯有益健康的冷飲！

生薑濃縮汁 **2** 大匙
冰滴咖啡或冷泡咖啡
1/3 杯（**70c.c.**）
→作法參考 **P169**
水 **1** 杯（**200c.c.**）
冰塊 **1** 杯

1. 在成品杯中加入冰塊。
2. 在杯底加入生薑濃縮汁。
3. 再倒入水，攪拌均勻。
4. 最後倒入咖啡即完成。

以即溶咖啡代替冰滴咖啡

若沒有冰滴咖啡或冷泡咖啡，那就活用家中的即溶咖啡也能輕鬆完成。在 **1/3** 杯的熱水中，加入 **1** 小匙即溶咖啡，使其自然冷卻，即可完成像冰滴咖啡般的濃郁咖啡。

KOVEA

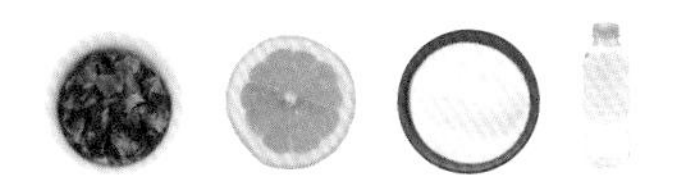

玫瑰濃縮汁

乾燥玫瑰比昂貴的新鮮玫瑰更適合做為濃縮汁的食材，
一般想到「玫瑰」，就會聯想到紅色、粉紅色，
但其實玫瑰在經過烹煮後會變成土黃色，
所以在烹煮過程中需添加適量的檸檬汁，才會呈現紅色。
此外，這類花草保存期限較短，使用前先檢查是否有過期的問題。

乾燥玫瑰花瓣 **1** 杯（**10** 克）、糖 **2** 杯（**360** 克）、水 **2** 杯（**400c.c.**）、檸檬汁 **4** 大匙

1. 在鍋中加入水和糖烹煮。
2. 不需攪拌，待糖完全溶化時，關火。
3. 再加入玫瑰花瓣、檸檬汁，並浸泡 12 小時。
4. 浸泡完後，濾掉花瓣與雜質，將液體裝瓶，放入冰箱冷藏。

33 玫瑰烏瓦茶

與大吉嶺紅茶（**Darjeeling Tea**）、祁門紅茶（**Keemun Tea**）並稱為「世界三大紅茶」的烏瓦紅茶（**Uva Tea**），栽種於斯里蘭卡高山地帶。烏瓦紅茶以卓越的香味著名於世，與能散發出淡淡玫瑰香的濃縮汁非常搭！

玫瑰濃縮汁 **2** 大匙
烏瓦紅茶茶包 **1** 包
熱水 **1** 杯（**200c.c.**）
水（預熱用）適量

1. 先將水煮滾，在茶壺和成品杯中倒入熱水至 5 分滿，溫熱 30 秒後倒掉。
2. 在預熱好的茶壺中，加入熱水、茶包，泡 2 分鐘。
3. 在預熱好的杯中加入玫瑰濃縮汁。
4. 2 分鐘後，倒入步驟❷的紅茶，和濃縮汁攪拌均勻後，即可飲用。

烏瓦紅茶

烏瓦紅茶的沖泡時間比一般紅茶短 1 分鐘。只要稍微浸泡在水中，顏色就會變得很深。若沒有烏瓦紅茶，也能以錫蘭紅茶代替。

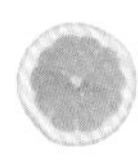

34 玫瑰檸檬氣泡飲

玫瑰濃縮汁若只和水調製成飲品，味道會相當普通，
但若搭配檸檬汁，不僅能讓飲品色澤變美，也變得更好喝，
而且含有豐富的維生素，是受女性朋友喜愛的飲品！

玫瑰濃縮汁 **4** 大匙
檸檬汁 **1** 大匙
氣泡水 **1** 杯
冰塊 **1** 杯
檸檬切片 **2** 片

1. 在成品杯中加入玫瑰濃縮汁和檸檬汁。
2. 成品杯中再加入冰塊，並於杯身貼上檸檬切片。
3. 最後倒入氣泡水，以攪拌匙攪拌均勻即完成。

擠檸檬汁的要領

用手硬擠檸檬汁時，不易把汁擠出來。可以先把檸檬擺放在砧板上，用手掌轉幾圈後，切半，再擠檸檬時，即可擠出較多的汁。或將檸檬切半後，用叉子均勻插入果肉，也可擠出較多汁。

35 玫瑰草莓果昔

在奶昔或果昔中添加散發微微花香的玫瑰濃縮汁，可增添口感的變化，
再添加和玫瑰十分相配的草莓，能讓飲品味道更加豐富。
請記住，玫瑰濃縮汁需和有味道的水、茶、牛奶等調製成飲品，味道才會好。

玫瑰濃縮汁 **4** 大匙
草莓 **1** 又 **1/2** 杯
牛奶 **1/2** 杯（**100c.c.**）
冰塊 **1** 杯
市售的發泡鮮奶油適量

1. 草莓洗淨，切除果蒂。
2. 在果汁機中加入草莓、牛奶、冰塊攪打成泥。
3. 再加入玫瑰濃縮汁，攪打均勻。
4. 在準備好的成品杯中倒入步驟❸的果昔，再以發泡奶油做裝飾即完成。

進口的草莓品種

挑選草莓前，需事先了解不同品種草莓的特色，例如韓國品種的雪香，果肉堅硬，甜度高。六堡和長姬則是日本品種，六堡的味道酸甜，口感脆脆的，長姬則以甜度著名。

36 玫瑰拿鐵

最近市面上出現了水果拿鐵、堅果拿鐵……等個性十足的拿鐵。
帶有淡淡玫瑰香的拿鐵也非常受大眾喜愛。
就如同美味咖啡的品牌常以花朵做為商標，咖啡和玫瑰可說是完美的組合。

玫瑰濃縮汁 **3** 大匙
牛奶 **2/3**（**140c.c.**）
冰滴咖啡或冷泡咖啡
1/3 杯（**70c.c.**）
→作法參考 **P169**
水（預熱用）適量

1. 先將水煮滾，在成品杯中倒入滾水至 5 分滿，溫熱 30 秒後倒掉。
2. 在預熱好的杯中，加入玫瑰濃縮汁、咖啡，攪拌均勻。
3. 在鍋中倒入牛奶，以中小火邊煮邊攪拌，冒泡後關火。
4. 在步驟❷的成品杯中倒入熱牛奶即完成。

將牛奶加熱

調製以牛奶為基底的熱飲時，先將牛奶溫度加熱至鍋身周圍生成奶泡，再關火。若把牛奶煮沸，表面上會生成一層油脂，散發出一股煮熟的氣味。所以請記得只將牛奶加熱至鍋身周圍生成奶泡。

接骨木花濃縮汁

大部分人對接骨木花仍感到很陌生，但其實它含有相當豐富的藥效。
以接骨木花做成的濃縮汁，香氣十足，味道卻接近無味。
製作時，一定要用縫隙較小的濾網過濾，才能濾掉雜質，取得乾淨的濃縮汁。
接骨木花濃縮汁和許多食材都很搭，例如柑橘類或莓果類，蘋果、肉桂等也很適合。

乾燥接骨木花 **1** 杯（**10** 克）、中型檸檬 **1** 顆（**120** 克）、糖 **2** 杯（**360** 克）、水 **2** 杯（**400c.c.**）

1. 檸檬切半，半顆擠成檸檬汁。
2. 另外半顆檸檬切成四分之一圓的薄片。
3. 在鍋中加入糖、水、檸檬汁、檸檬切片烹煮。
4. 待鍋中的液體煮沸時，離火加入接骨木花泡 12 小時。花草類濃縮汁和水果濃縮汁不同，無需經過烹煮，只需採浸泡方式，即可萃取出成分。
5. 浸泡 12 個小時後，濾掉接骨木花與雜質，將液體裝瓶即完成。

   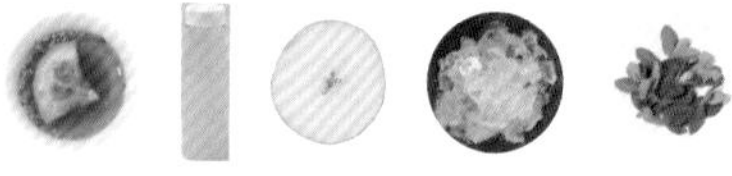 

37 接骨木花蘋果汁

這是接骨木花的甜蜜香味和清新的蘋果香互相調和成的飲品。
蘋果汁與接骨木花的相遇，讓飲料風味倍增，
是能夠愉快品嘗到接骨木花味道的方式之一。

接骨木花濃縮汁 **2** 大匙
蘋果汁 **1** 杯（**200c.c.**）
冰塊 **1** 杯
蘋果切片 **1** 片
蘋果薄荷 適量

1. 在杯口較寬的成品杯中加入冰塊至滿。
2. 倒入接骨木花濃縮汁。
3. 再倒入蘋果汁並攪拌均勻。
4. 杯身貼上蘋果切片做裝飾，再擺上蘋果薄荷做裝飾即完成。

裝飾用的水果尺寸

裝飾用食材以主食材為宜，食材內容可一目了然，而且味道和香氣也和飲品一致，這樣更能提升飲品的風味。裝飾用水果切片不宜過於沉重，所以厚度不可過厚。

38 接骨木花香草奶昔

某次在吃過花草冰淇淋後，就想試做看看接骨木花香草奶昔。
在大家都熟悉的香草冰淇淋和牛奶裡，添加接骨木花濃縮汁，
即可完成一款香甜可口的飲品！

接骨木花濃縮汁 **4** 大匙
香草冰淇淋 **2** 球
牛奶 **1/2** 杯（**100c.c.**）
市售的發泡鮮奶油 適量

1. 在果汁機中加入接骨木花濃縮汁、冰淇淋、牛奶。
2. 先以高速將所有食材攪打成泥。
3. 再以低速攪打 10 秒。
4. 倒入準備好的成品杯中，最後擺上發泡鮮奶油即完成。

自製發泡鮮奶油

在家中自製發泡鮮奶油時，用打泡沫器攪打至呈固態。動物性鮮奶油很容易塑形。也能以手持式攪拌器代替，需攪拌至拿起時鮮奶油形狀像鳥嘴的程度，且不會流動。

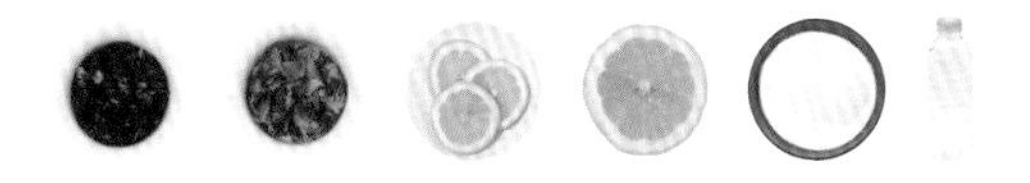

維生素花草濃縮汁

以木槿和玫瑰果製作成的濃縮汁，特別推薦給體力不佳的人，
國外常以木槿飲品做為運動選手的運動飲料替代品，可見其效果卓越。
而玫瑰果的維生素 **C** 含量是檸檬的 **30** 倍，
讓木槿和玫瑰果兩種花草組合在一起，絕對能提振疲憊的身軀！
但這類飲品飲用過多的話，會出現心悸、失眠等現象，建議少量為宜。

木槿、玫瑰果各 **1/2** 杯（**10** 克）、中型檸檬 **2/3** 顆（**75** 克）、糖 **2** 杯（**360** 克）、水 **2** 杯（**400c.c.**）、檸檬汁 **5** 大匙

1. 檸檬洗淨，擦乾水分後，切成四分之圓的薄片。
2. 在鍋中加入糖和水烹煮至沸騰。
3. 待沸騰時，加入檸檬切片和檸檬汁續煮。
4. 待再次沸騰後，關火，加入木槿和玫瑰果浸泡 12 小時。
5. 浸泡完，濾掉檸檬和花草，將液體裝瓶即完成。

39 維生素日出

這款飲品的色澤就像是紅色彩霞般亮眼，很適合做為招待客人的飲品。
先放入冰塊，再加入濃縮汁，再分批倒入柳橙汁，
製作過程不複雜，可以輕鬆完成。

維生素花草濃縮汁 **4** 大匙
柳橙汁 **1** 杯（**200c.c.**）
冰塊 **1** 杯

1. 在準備好的成品杯中加入冰塊。
2. 加入維生素花草濃縮汁和柳橙汁 1/3 杯，攪拌均勻。
3. 慢慢倒入剩餘的柳橙汁，營造出自然的色澤層次。
4. 飲用前，用攪拌匙攪拌均勻即可。

營造出飲料的色澤層次

以飲料製造層次感時，需先將較重的或濃度高的液體倒入杯底，相反地若最後倒入，會馬上沉澱到杯底，就無法營造出層次感。層次分明的飲品，需攪拌均勻後，才能品嘗到最佳的味道。

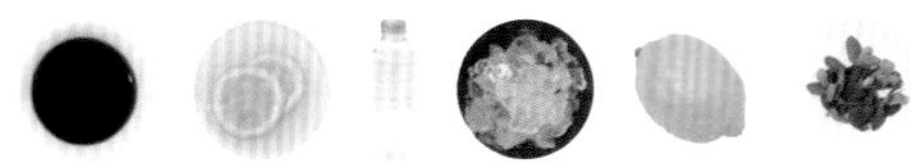

40 維生素果昔

在消耗大量體能的生活中，來一杯維生素果昔，補充體力吧！
此款飲品色澤不僅美麗，味道也酸甜可口，適合全家人一同共飲。
木槿和玫瑰果是可以讓人身心愉快的花草茶。

維生素花草濃縮汁 **5** 大匙
檸檬果醬 **1** 大匙
→作法參考 **P53**
水 **1/2** 杯（**100c.c.**）
冰塊 **1** 又 **1/2** 杯
檸檬切片 **1** 片
蘋果薄荷　適量

1. 在果汁機中加入維生素花草濃縮汁、檸檬果醬、水、冰塊。倒入檸檬果醬時，需連檸檬片也一起加入。
2. 攪打至所有食材皆融合在一起，這樣才能做出果昔的口感。
3. 倒入準備好的成品杯中，將檸檬片和蘋果薄荷擺在最上方做裝飾即完成。

善用果醬

果昔、奶昔需將所有食材攪打均勻的飲品，在添加檸檬果醬時，需連檸檬切片也一起加入，調製出來的飲品才會香氣十足，品質佳。

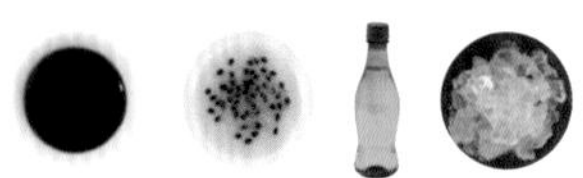

41 紅色熱帶

以維生素花草濃縮汁和百香果果醬做出有熱帶風情的飲品。
若再添加少許的氣泡水，即可完成帶點微甜味道的飲料。

維生素花草濃縮汁 **2** 大匙
百香果果醬 **2** 大匙
→作法參考 **P49**
氣泡水 **1** 杯（**200c.c.**）
冰塊 **1** 杯
三色堇 適量

1. 在成品杯中加入百香果果醬和冰塊。
2. 倒入氣泡水，攪拌均勻。
3. 倒入維生素花草濃縮汁，攪拌均勻，再以三色堇做裝飾即完成。

食用花的保存方法

三色堇之類的食用花不易保存，用廚房紙巾稍微沾點水後，放上食用花，再放入冰箱冷藏，就可以保存約一星期。

42 紅色維生素

維生素花草濃縮汁是增進體力的飲品基底。
玫瑰果含有豐富的維生素，疲倦時來一杯，即可強健保身。
熱騰騰的飲品，會讓人體更容易吸收，立即見效。

維生素花草濃縮汁 **3** 大匙
玫瑰茶包 **1** 包
熱水 **1** 杯（**200c.c.**）
水（預熱用）適量

1. 先將水煮沸，在茶壺和成品杯中倒入沸水至 5 分滿，溫熱 30 秒後倒掉。
2. 在預熱好的茶壺中，加入玫瑰茶包、熱水，泡 3 分鐘。
3. 在預熱好的杯中，加入維生素花草濃縮汁。
4. 再倒入步驟❷的玫瑰茶，攪拌均勻即完成。

增添濃縮汁的香味

在香味與眾不同的維生素花草濃縮汁中，加入玫瑰茶包，可以增添香味。維生素花草濃縮汁也和香茅十分相配，加入香茅可讓飲品的香氣更濃郁。

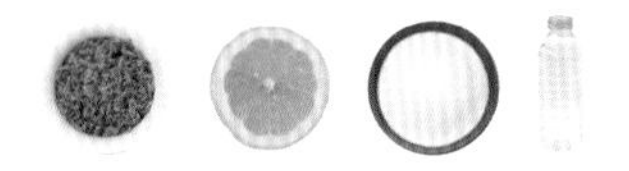

薰衣草濃縮汁

只要以少量的薰衣草就能完成的濃縮汁。
在壓力大的日子裡，飲用薰衣草飲品，可以安定情緒。
在製作過程中，添加適量的檸檬，可做出呈紫色的液體。
若再添加適量的甘菊或薄荷，還能品嘗到與眾不同的風味。
薰衣草和其他香草配料的比例為 **9:1**。

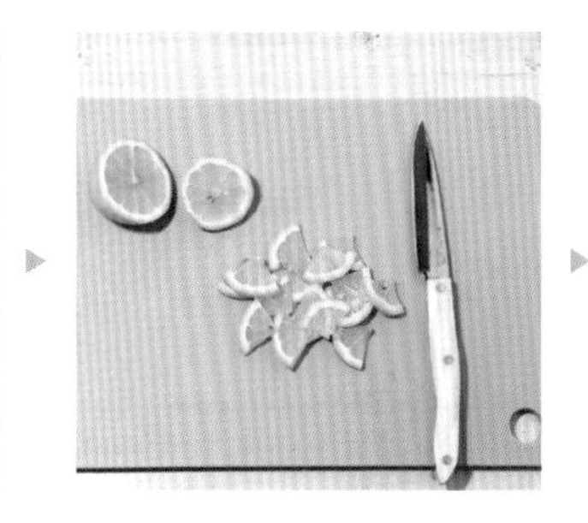

薰衣草 **1** 杯（**10** 克）、糖 **2** 杯（**360** 克）、水 **2** 杯（**400c.c.**）、檸檬汁 **2** 大匙、
檸檬切片 適量

1. 在鍋中加入糖和水烹煮至沸騰，不攪拌，使其自然溶化。像這樣不攪拌糖，直接放入冰箱冷藏，才不會產生結晶塊。
2. 待糖完全溶化時，關火。
3. 加入薰衣草、檸檬汁、檸檬切片，泡 12 小時。
4. 濾掉檸檬切片和薰衣草後，將液體裝瓶，放入冰箱冷藏。

烹煮糖和水的過程中，無需攪拌

製作濃縮汁或水果糖漿時，有時需先將糖和水煮沸。但請留意，過程中都無需攪拌，只要慢慢烹煮至糖自然溶化，之後放入冰箱冷藏，這樣就不會產生結晶塊。

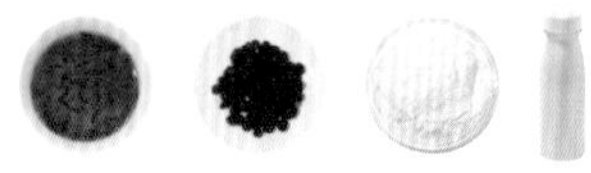

43 薰衣草藍莓奶昔

將薰衣草和藍莓調製而成的紫色奶昔，具有相當引人注目的色澤。
藍莓的味道和薰衣草的強烈香味也十分相配。
藍莓奶昔中所使用的藍莓以冷凍的為宜。

薰衣草濃縮汁 3 大匙
藍莓 1/2 杯（70 克）
香草冰淇淋 2 球
牛奶 1/2 杯（100c.c.）

1. 在果汁機中加入薰衣草濃縮汁、藍莓、冰淇淋、牛奶。
2. 攪打至所有食材皆呈紫色。
3. 最後倒入成品杯中即完成。

以覆盆子維持味道和色澤

以覆盆子代替藍莓，也可以製造出顏色和味道差不多的奶昔。覆盆子本身帶點奶香味，和奶昔十分相配。覆盆子還有益眼睛的健康。

44 薰衣草氣泡飲

在製作薰衣草濃縮汁冰塊的過程中，需添加少許的花朵，
這樣能製造出更美的視覺效果。
若覺得薰衣草香味過強，建議薰衣草冰塊和一般冰塊各加入一半。

薰衣草濃縮汁冰塊
6～7 塊
氣泡水 **1** 杯（**200c.c.**）
薰衣草花朵或迷迭香 適量

1. 在製冰盒中倒入薰衣草濃縮汁，放入冰箱冷凍 **1** 天。
2. 在成品杯中加入薰衣草冰塊。
3. 再倒入氣泡水。
4. 用薰衣草花朵或迷迭香做裝飾即完成。

濃縮汁製成冰塊的過程

濃縮汁的結凍時間較水更長，約需 **1** 天，冰塊才會變得堅硬。夏天只要在水中加入 **1** 顆薰衣草冰塊，飲品馬上變香變好喝。

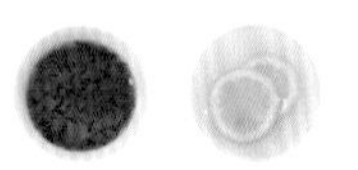

45 薰衣草檸檬茶

在壓力大或情緒不安的日子裡，建議來一杯薰衣草檸檬茶。
慢慢品嘗的過程中，情緒會自然穩定下來。
在無法入眠的夜晚，也建議以薰衣草檸檬茶代替咖啡。

薰衣草濃縮汁 **2** 大匙
檸檬果醬 **2** 大匙
→作法參考 **P53**
熱水 **1** 杯（**200c.c.**）
水（預熱用）適量

1. 先將水煮滾，在成品杯中倒入沸水至 5 分滿，溫熱 30 秒後倒掉。
2. 在預熱好的杯子中，加入薰衣草濃縮汁、檸檬果醬攪拌均勻。
3. 再倒入熱水，泡 2 分鐘後即完成。

薰衣草檸檬汁製作方法

喜歡薰衣草味道的人也可在檸檬果醬的製作過程中加入薰衣草茶包，製作成帶有薰衣草香的檸檬果醬。1 顆檸檬的果汁量搭配 1 包薰衣草茶包為宜。

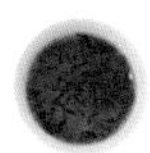  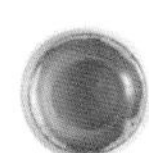   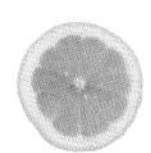

46 薰衣草檸檬醋

最近很流行以醋為基底的飲品。
醋與濃縮汁以適當比例混合後，即可完成好喝的健康醋飲。
以濃縮汁代替糖，不僅有益健康，味道也會很好。

薰衣草濃縮汁 **2** 大匙
檸檬果醬 **1** 大匙
→作法參考 **P53**
市售天然發酵醋
1 杯（**200c.c.**）
冰塊 **1** 杯
檸檬切片 **3** 片

1. 將薰衣草濃縮汁、檸檬果醬、天然發酵醋攪拌均勻。
2. 在成品杯中先倒入冰塊，再倒入步驟❶的混合汁。
3. 攪拌均勻以進行稀釋。
4. 用準備好的檸檬切片做最後裝飾即完成。

每種醋的味道和香氣不同

飲料所添加的天然發酵醋以柿醋或白葡萄醋為宜。柿醋含有單寧酸，帶點澀澀的味道，白葡萄醋的味道則比較香。也能放入以鳳梨、白葡萄醋、糖釀造成的鳳梨醋。

人蔘濃縮汁

季節轉換時，人的免疫力容易降低，這時最佳的養生品即是人蔘。
人蔘濃縮汁的用途很多，如可以和牛奶或肉桂搭配做成飲品；
或代替糖添加在人蔘雞湯等料理中，散發淡淡的人蔘香，讓湯頭更濃郁；
或可添加在沙拉醬汁中，調製出與眾不同的醬汁。
若是以營養成分被壓縮的乾人蔘製作人蔘濃縮汁時，
人蔘用量需減少一半，加熱時間也需加長。

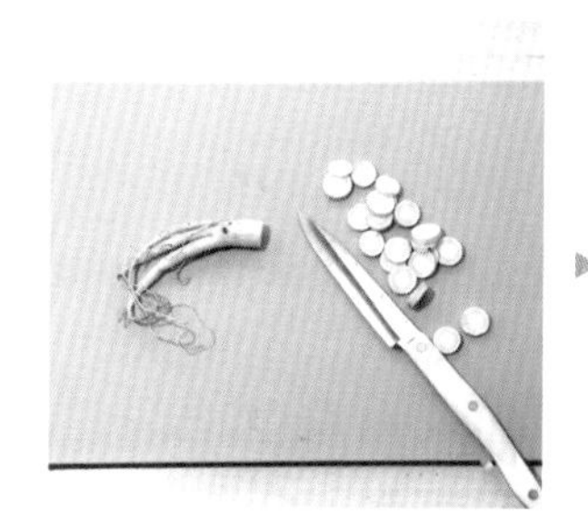

中型人蔘 **2** 條（**300** 克）、糖 **2** 杯（**360** 克）、水 **2** 杯（**400c.c.**）

1. 人蔘切成 0.5 公分厚的圓片。
2. 在鍋中加入糖和水烹煮。
3. 待沸騰時，加入人蔘切片續煮 5 分鐘左右，關火。
4. 放置 12 小時，使其自然萃取出人蔘的營養成分。
5. 濾掉人蔘與雜質後，將液體裝瓶，放入冰箱冷藏。

47 人蔘香蕉汁

這是一款可輕鬆調製成的人蔘飲品，帶點奇妙的苦澀味。
香蕉的甜味可掩蓋人蔘的苦味。非常建議將這種飲品做為早餐代餐。

人蔘濃縮汁 **4** 大匙
中型香蕉 **1** 條
牛奶 **1** 杯（**200c.c.**）
冰塊 **1** 杯

1. 在果汁機中加入人蔘濃縮汁、香蕉、牛奶，攪打至香蕉完全溶化在液體中。
2. 在準備好的成品杯中加入冰塊。
3. 再倒入步驟❶的食材即完成。

預防香蕉變色的方法

剝皮後的香蕉會很快變色，不易保存。若在剝皮的香蕉上，均勻塗抹上檸檬汁，放入冰箱冷凍，可避免變色。

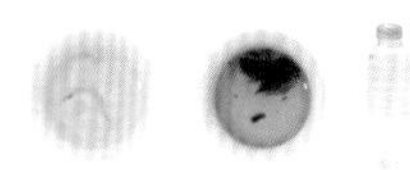

48 人蔘肉桂茶

人蔘濃縮汁和人蔘一起裝瓶，這樣在調製熱飲時，會散發淡淡的人蔘香氣。
放入濃縮汁瓶中的人蔘以乾人蔘為宜。
調製人蔘茶時，添加適量的肉桂糖漿，飲品的味道更豐富。

人蔘濃縮汁 **3** 大匙
肉桂糖漿 **1** 大匙
→作法參考 **P123**
熱水 **1** 杯（**200c.c.**）
水（預熱用）適量

1. 先將水煮滾，在成品杯中倒入沸水至 5 分滿，溫熱 30 秒後倒掉。
2. 在預熱的成品杯中，加入人蔘濃縮汁和肉桂糖漿。
3. 倒入熱水攪拌均勻即完成。

活用紅蔘精

當人蔘濃縮汁喝完時，也能以 1 小匙紅蔘精代替。若覺得紅蔘精的人蔘味比濃縮汁強烈，請以牛奶代替水，即可讓人蔘味變淡。

以「糖漿」調製的飲品

糖漿是將咖啡、香草、巧克力等加糖烹煮後所製成的，
有多種用途，而且甜度高，只要在飲品中添加一些，即可增添風味。
雖然並非飲品的主角，卻是為飲品大加分的重要配角。
糖漿也需像果醬和濃縮汁等經過熟成的階段，才會散發出濃郁的香味。

◎ 主食材 香草、茶、咖啡、巧克力……

香草、肉桂、焦糖、巧克力、伯爵紅茶、義式咖啡等添加在麵包中的香料，一般皆可製成糖漿。只要在這些香料中，加入水和糖烹煮後，經過熟成就能加進各種飲品裡。

◎ 調製重點 需控制烹煮糖漿的火候

糖漿不可燒焦，帶有焦味的糖漿很難被應用在飲品上。添加在牛奶或鮮奶油中的糖漿，依不同的火候，會有不同的風味。若加熱過久，香味就會消失。

◎ 注意事項 需 3 天的熟成時間

糖漿像果醬和濃縮汁一樣，在製作結束後，需經過熟成時間。一般需 3 天。待糖漿冷卻後，裝瓶，放入冰箱冷藏。

◎ 保存方法 含牛奶成分的糖漿保存期限為冷藏 1 個月，其他則冷藏 3 個月

糖漿以存放在杯口小的長身瓶中為宜。瓶口若沾到水氣，有可能讓味道改變。添加牛奶或奶油的糖漿保存期限為冷藏 1 個月，其他保存期限則為冷藏 3 個月。

KILNER®
EST 1842

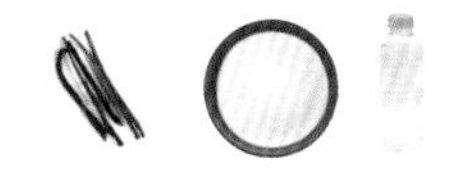

香草糖漿

這是咖啡店經常使用到的糖漿，能活用在各種飲品中。
手作香草糖漿的香草味比市售加工過的糖漿更為濃郁。
製作時，需將香草莢、香草籽一起裝瓶，豆莢的成分會讓味道變得更好。
香草莢一般使用馬達加斯加和大溪地生產的，
特別是馬達加斯加所產的香草莢，口感相當柔和。

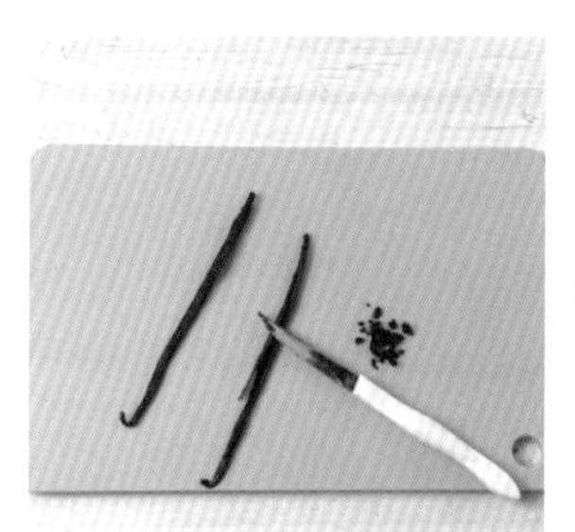

香草莢 **2** 枝（**5** 克）、糖 **2** 杯（**360** 克）、水 **3** 杯（**600c.c.**）

1. 香草莢切半後，用刀背取出香草籽。
2. 在鍋中倒入水、香草籽、香草莢烹煮。
3. 待沸騰時，加入糖以中火續煮 10 分鐘至糖溶化。
4. 糖皆溶化時，充分攪拌均勻。
5. 冷卻後，連香草莢一起倒入瓶子中，冷藏於冰箱，進行 3 天的熟成。

單柄鍋比雙耳鍋更適合做為糖漿用鍋

為了避免糖漿沾黏鍋底，煮的過程中需不斷攪拌，因此可以一手輕易握住鍋子的單柄鍋比雙耳鍋更加方便。若使用有尖嘴的鍋子，將液體倒入瓶子時會更方便。

49 香草拿鐵

這是咖啡店裡非常熱門的一款飲品。
以手作香草糖漿調製出的天然香草拿鐵，特別受到年輕族群的喜愛！

香草糖漿 **3** 大匙
冰滴咖啡或冷泡咖啡
1/3 杯（**70c.c.**）
→作法參考 **P169**
牛奶 **1** 杯（**200c.c.**）
冰塊 **1** 杯

1. 在杯中加入牛奶、香草糖漿攪拌均勻。
2. 在成品杯中加入冰塊、步驟❶的香草牛奶並攪拌均勻。
3. 接著倒入咖啡。
4. 攪拌均勻後即完成。

咖啡與牛奶的倒入順序

製作溫熱的香草拿鐵時，請將倒入牛奶和咖啡的順序顛倒過來。在成品杯中，先倒入咖啡，再倒入加熱過的牛奶，注意需連奶泡也一起倒入。

50 香草覆盆子氣泡飲

咖啡店裡常將香草莢製作成糖漿，以調製各種飲品，
因為在飲品中添加香草，能散發出陣陣的奶香味，
若再添加覆盆子（樹莓），更能增加清涼的口感。

香草糖漿 **1** 大匙
覆盆子果醬 **3** 大匙
→作法參考 **P59**
氣泡水 **1** 杯（**200c.c.**）
冰塊 **1** 杯

1. 在成品杯中加入香草糖漿、覆盆子果醬。
2. 將糖漿和果醬攪拌均勻後，倒入冰塊。
3. 最後再倒入氣泡水。
4. 上下攪拌均勻即完成。

莓果汽水

也能以草莓等莓果類調製成的果醬或濃縮汁做成莓果氣泡飲。莓果類水果依照顏色區分成紅色和暗紅色。紅色莓果酸度高、味道香，而暗紅色莓果酸度低、糖度高。

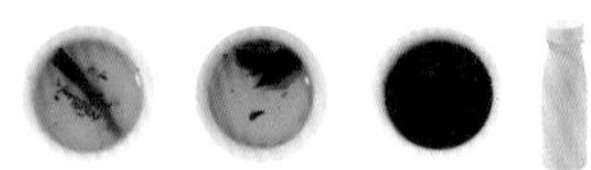

51 香草肉桂奶茶

一般紅茶若調製成奶茶，口味稍嫌平淡，
試試這款以香草糖漿、肉桂糖漿調製成的口感柔滑、擁有特殊風味的奶茶，
為普通的奶茶增添一點變化！

香草糖漿 **2** 大匙
肉桂糖漿 **1** 小匙
→作法參考 **P123**
紅茶茶葉 **2** 大匙
牛奶 **1** 又 **1/2** 杯（**300c.c.**）
水（預熱用）適量

1. 在鍋中倒入牛奶，用中小火邊煮邊攪拌，冒泡即關火。
2. 在熱牛奶中加入紅茶茶葉，沖泡 3 分鐘後，濾掉茶葉備用。
3. 將水煮沸，在成品杯中茶葉倒入沸水至 5 分滿，溫熱 30 秒後倒掉。
4. 在預熱好的成品杯中倒入步驟❷的紅茶牛奶。
5. 再倒入香草糖漿和肉桂糖漿，攪拌均勻即完成。

印度奶茶

喜歡重口味的人，也可製作印度風味的奶茶，這是添加肉桂、丁香、羅勒、茴香、孜然等各種香料的奶茶，和香草十分搭配。

52 香草香蕉牛奶

近年，許多人常把香蕉做為早餐的代餐。香蕉牛奶也是很受歡迎的飲品。
在這裡介紹給大家，只要加入一點香草糖漿，即可調製出與眾不同的香草香蕉牛奶。

香草糖漿 **2** 大匙
中型香蕉 **1** 根
牛奶 **1** 又 **1/2** 杯（**300c.c.**）
冰塊 **1** 杯

1. 準備好已熟成的香蕉。
2. 在果汁機中加入香蕉、牛奶、冰塊，攪打成果昔。
3. 果汁機中再加入香草糖漿，以高速攪打均勻。
4. 準備大的成品杯，倒入步驟❸的果昔即完成。

香蕉 + 草莓
香蕉 + 芒果

香蕉是各種水果的最佳伙伴。香蕉本身的味道較為平淡，但若在同一食譜中添加 3 ～ 4 顆草莓，即能完成草莓香蕉牛奶。也能以同樣重量的芒果代替草莓，和香蕉調製成美味的飲品。

焦糖糖漿

糖漿的甜蜜滋味總是讓人勾起兒時的回憶。
將糖煮至焦糖化，散發出焦糖香，再將其加在水或鮮奶油中調製而成。
但需留意，所添加的鮮奶油一定要是加熱過的，冷鮮奶油無法與糖漿融為一體。
鮮奶油沸騰時，會不斷冒出泡泡，因此建議使用比食材用量大 **5** 倍的鍋子。
製作含有乳脂肪的糖漿時，若加入適量的鹽巴，味道會更加濃郁。

黃砂糖 **1** 杯（**180** 克）、鮮奶油 **1/2** 杯（**100c.c.**）、鹽 **1/4** 小匙、水 **1/4** 杯（**50c.c.**）

1. 在鍋中加入黃砂糖和鹽。
2. 再倒入水，以大火烹煮。
3. 沸騰時，改以中火續煮 10 分鐘左右，至鍋邊呈焦糖色。
4. 鮮奶油以隔水加熱法或微波爐加熱法，加熱至呈微溫狀態。
5. 步驟❸的糖漿呈焦糖色時，分成 2 ～ 3 次倒入步驟❹的熱鮮奶油，一邊攪拌均勻一邊以小火煮 15 分鐘左右，離火。
6. 糖漿和鮮奶油自然融為一體，冷卻後，裝入消毒過的保存容器裡，冷藏保存。

53 焦糖瑪琪朵

這是帶有甜味的咖啡飲品。
在咖啡中添加焦糖，可讓咖啡的味道變得更豐富。
不過熱量偏高，請適度調整用量。

焦糖糖漿 **3** 大匙
冰滴咖啡或冷泡咖啡 **1/3** 杯（**70c.c.**）
→作法參考 **P169**
牛奶 **1** 杯（**200c.c.**）
冰塊 **1** 杯

1. 在成品杯中，加入咖啡和焦糖糖漿攪拌均勻。
2. 再倒入冰塊。
3. 最後倒入牛奶即完成。建議使用冰鮮奶，若是奶粉泡的牛奶需先放入冰箱冷藏，才能品嘗到冰涼的瑪琪朵咖啡。

牛奶慢慢倒入

咖啡和牛奶混合後的色澤富有層次感，是焦糖瑪琪朵咖啡的特色。調製的關鍵在於最後階段倒入牛奶的方法。濃度較濃的牛奶若一次倒完，很容易和糖漿混合在一起，所以要慢慢倒入，才能自然生成有層次的色澤。

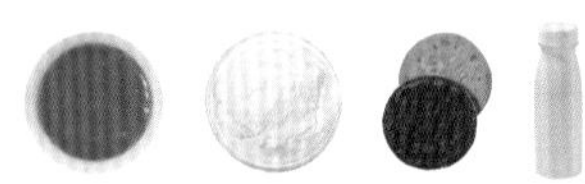

54 焦糖餅乾奶昔

這是一款添加全麥餅乾的奶昔，
當冰淇淋、牛奶的柔滑口感和餅乾的酥脆融為一體時，即可製造出與眾不同的口感。
先用果汁機將糖漿、冰淇淋、牛奶攪打均勻，最後再加入餅乾，攪打成碎片即可。

焦糖糖漿 **3** 大匙
香草冰淇淋 **2** 球
全麥餅乾 **2** 塊
牛奶 **1/2** 杯（**100c.c.**）

1. 先將全麥餅乾切成拇指指甲般大小的塊狀。
2. 在果汁機中加入焦糖糖漿 2 大匙、香草冰淇淋及牛奶，攪打均勻。
3. 果汁機中再加入切小塊的餅乾，攪打成碎片。
4. 在成品杯底加入焦糖糖漿 1 大匙，再倒入步驟❸的奶昔即完成。

杯底先倒入糖漿

以糖漿裝飾成品杯時，先將糖漿倒入杯底，並左右晃動杯子至杯身 1/3 高度皆沾到糖漿，再倒入奶昔。這樣奶昔能與糖漿的香味融合在一起，並製造出美麗的外觀。

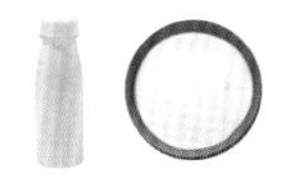

煉乳糖漿

這是夏天用途最多的糖漿。
在咖啡或刨冰中，添加適量的煉乳糖漿，味道立即變得不一樣！
不過製作過程較費工夫，需將牛奶和糖慢慢烹煮至剩下 **1/3** 的量，
而且牛奶在收乾的過程中，會生成油脂層，需將其去除後才能使用。
若擔心糖分高，可以阿洛糖代替白糖，完成低糖的煉乳。
此外，這是和莓果類和穀物最搭配的糖漿。

牛奶 **4** 杯（**800c.c.**）、糖 **1** 杯（**180** 克）

1. 準備 1 個比牛奶分量大 3 倍的鍋子。
2. 在鍋中倒入牛奶、糖烹煮。
3. 待沸騰時，改以小火續煮 20 分鐘，同時一邊攪拌。
4. 離火後，用細濾網過濾掉雜質。
5. 裝入消毒好的保存容器中，並冷藏於冰箱。

55 草莓香草冰淇淋奶昔

請以酸甜、爽口的草莓做出充滿愛意的飲品！
製作過程中，一併加入香濃綿密的香草冰淇淋，
若想要更濃郁的草莓味，建議再加入 **2** 大匙草莓濃縮汁。

煉乳糖漿 **2** 大匙
草莓 **1** 杯
香草冰淇淋 **1** 球
牛奶 **1** 杯（**200c.c.**）
冰塊 **1/2** 杯

1. 草莓洗淨去蒂後，取 2～3 顆對半切，做為裝飾用。
2. 在果汁機中加入草莓、香草冰淇淋、牛奶、冰塊攪打成奶昔。
3. 待全部攪打均勻後，再加入煉乳糖漿輕輕攪拌一下。
4. 沿著杯身最上端，將草莓切片的尖端部分朝上擺放，貼成一圈。再倒入步驟❸的奶昔即完成。

用冷凍草莓需調整分量

若以冷凍草莓以代替新鮮草莓，可不加冰塊，但需增加和冰塊相同分量的 **1/2** 杯草莓，才能調製出一樣的味道。

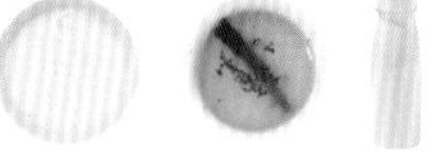

56 甜蜜熱牛奶

寒冷的夜晚建議來一杯添加煉乳和香草糖漿的熱牛奶。
添加這兩種糖漿的熱牛奶，味道相當與眾不同！
在結束一天的辛苦工作後，來一杯好好慰勞自己吧！

煉乳糖漿 **2** 大匙
香草糖漿 **1** 小匙
牛奶 **1** 杯（**200c.c.**）
水（預熱用）適量

1. 先將水煮沸，在成品杯中倒入沸水至 5 分滿，溫熱 30 秒後倒掉。
2. 在鍋中倒入牛奶和煉乳糖漿後，小火加熱或用微波爐加熱 2 分鐘。
3. 在預熱好的成品杯中先加入香草糖漿，再倒入溫熱好的牛奶即完成。

去除奶味

牛奶煮沸後，會散發出濃郁的奶香味。若不喜歡，可多添加香草糖漿，即可掩飾奶香。此外，肉桂和熱牛奶也十分搭配。

57 泰式拿鐵

這是添加煉乳的咖啡飲品，廣受熱帶國家喜愛。
味道香醇、甜蜜，在亞洲非常受歡迎，有泰式拿鐵、越南拿鐵等不同的名稱。

煉乳糖漿 **3** 大匙
冰滴咖啡或冷泡咖啡
1/3 杯（**70c.c.**）
→作法參考 **P169**
牛奶 **1** 杯（**200c.c.**）
冰塊 **1** 杯

1. 在牛奶中添加煉乳糖漿，攪拌均勻。
2. 在成品杯中加入冰塊。
3. 接著從冰塊上方倒入步驟❶的煉乳牛奶至 5 分滿。
4. 最後倒入咖啡即完成。在牛奶和咖啡之間，會自然呈現出明顯的界線。

創造層次感

泰式拿鐵的調製關鍵是在飲品中添加牛奶和煉乳。將牛奶和煉乳攪拌均勻後，倒入杯中，使其自然沉澱在杯底，再倒入咖啡時，就會自然呈現牛奶和咖啡分離的層次感。

 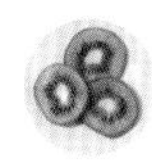  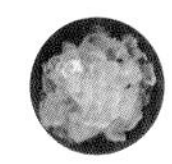

58 奇異果香草冰淇淋奶昔

若想品嘗特別口感的飲料，可以試試這一款。
奇異果的清爽味道可以降低冰淇淋的甜膩感。
煉乳糖漿和奇異果、冰淇淋的組合雖然陌生，卻意外地對味！

煉乳糖漿 **1** 大匙
中型綠色奇異果 **1** 個
香草冰淇淋 **1** 球
牛奶 **1** 杯（**200c.c.**）
冰塊 **1/2** 杯

1. 奇異果削皮，切 1 片薄片做裝飾，其餘切成方塊狀。
2. 在果汁機中加入香草冰淇淋、牛奶、冰塊攪打均勻。
3. 再加入奇異果方塊，攪打成未完全碎掉的狀態。
4. 在成品杯中倒入步驟❸的奶昔，最後以奇異果切片做裝飾即完成。

奇異果最後加入

將奇異果留到最後才加入果汁機中攪打成未完全碎掉的狀態，即可享受到咀嚼口感。若將奇異果完全攪碎，口感會很像在吃芝麻粉一般。

肉桂糖漿

比起夏天，這是秋天或冬天經常使用到的一款糖漿。
挑選肉桂時，需留意皮厚的味道較重，皮薄的味道較甜，
且肉桂上有很多眼睛看不到的灰塵，請一定要清洗乾淨。
將肉桂切成碎片後，放入水中浸泡、煮滾，
切開的肉桂接觸水的面積更廣，這樣能製造出更濃郁的香味。
此外，肉桂和蘋果、柳橙飲品也是十分對味的搭配。

肉桂棒（切片）**50** 克、肉桂粉 **1/2** 大匙（**5** 克）、糖 **2** 杯（**360** 克）、水 **3** 杯（**600c.c.**）

1. 將糖與肉桂粉攪拌均勻。
2. 在鍋中加入肉桂片、水後烹煮至沸騰。
3. 沸騰後，以中火續煮 10 分鐘。
4. 再加入步驟❶的食材，烹煮至糖溶化。
5. 關火，冷卻後裝瓶。肉桂棒和糖漿需一併裝瓶。
6. 放入冰箱冷藏，進行 3 天的熟成。

59 蘋果肉桂茶

蘋果與肉桂的組合常見於甜點、茶飲，
有些歐洲人還會在冬天將蘋果和肉桂一起熬煮成營養湯品。
今天我們就利用蘋果汁來調製蘋果肉桂茶。
若只加入蘋果汁熬煮，水分會蒸發掉，所以除了蘋果汁外，還需加入一半蘋果汁用量的水。

肉桂糖漿 **2** 大匙
蘋果汁 **1** 杯（**200c.c.**）
水 **1/2** 杯（**100c.c.**）
蘋果切片 **1** 片
肉桂片 適量

1. 在鍋中加入蘋果汁和水烹煮。需加水一起煮，才不會過甜。
2. 待沸騰後，放入蘋果切片和肉桂片續煮。
3. 再次沸騰後，關火，加入肉桂糖漿拌勻。
4. 再次在杯中倒入煮好的蘋果肉桂茶（包含蘋果切片和肉桂片）即完成。

蘋果汁的原汁含量

作為飲品基底的蘋果汁，原汁含量需在50% 以下。蘋果含量若太高，加熱後易出現澀澀的口感。

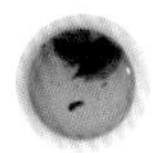
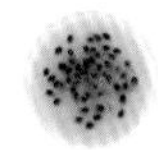

60 百香果風味柳橙冰飲

請品嘗看看添加了百香果濃縮汁和肉桂糖漿做成的清涼柳橙風味飲。
百香果濃縮汁和肉桂糖漿的相遇，能創造出特殊口味的柳橙汁。

肉桂糖漿 **1** 大匙
百香果果醬 **1** 大匙
→作法參考 **P49**
柳橙汁 **1** 杯（**200c.c.**）
冰塊 **1** 杯
肉桂片 適量

1. 在成品杯中加入肉桂糖漿和百香果果醬後，並輕輕攪拌均勻。
2. 加入冰塊至滿，以降低內容物的溫度。
3. 再倒入柳橙汁。
4. 在杯口放上肉桂片做裝飾即完成。

百香果遇熱香味變淡

若想飲用熱的柳橙汁時，建議不要加入百香果。因為百香果遇熱後，香味會散失。

KOVEA

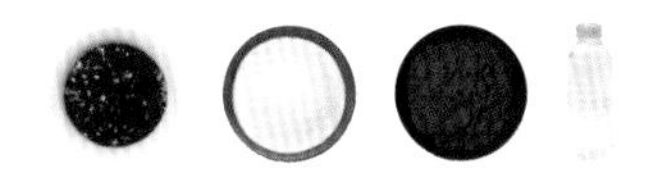

伯爵紅茶糖漿

紅茶的種類繁多，香氣、滋味各不相同，
喜歡研究紅茶的人可說是與日俱增，這裡以世界出名的伯爵紅茶來介紹如何製作糖漿。
雖然用茶包也能泡出濃郁的紅茶，但仍然比不上茶葉泡出來的紅茶那麼香醇。
以茶葉製作糖漿，無需經過加熱過程，而是採浸泡方式，讓糖漿自然融入茶香，
因為茶葉在加熱過程中，茶香會揮發到空氣中，
最後只萃取出茶葉中的苦味，而讓茶的味道變得不好。
此外，白糖和黑糖的用量為等比例，這樣糖漿的味道才會好。

伯爵紅茶茶葉 **3** 大匙（**15** 克）、白糖 **1** 杯（**180** 克）、黑糖 **1** 杯（**180** 克）、水 **3** 杯（**600c.c.**）

1. 在鍋中放入水煮滾。
2. 沸騰時，加入伯爵紅茶茶葉 1 匙，以中火續煮 5 分鐘。
3. 鍋子離火，以細濾網濾掉茶葉。
4. 在步驟❸的紅茶中，放入白糖和黑糖，再以中火續煮至糖溶化。
5. 待糖完全溶化時，關火，立即放入伯爵紅茶葉 2 匙，並浸泡 2 小時。
6. 紅茶濾掉雜質後，裝入消毒過的保存容器中，放冰箱冷藏，進行 1 天的熟成。

61 伯爵紅茶拿鐵

咖啡和紅茶雖然風味殊異，卻十分相配。
若喜歡在咖啡中添加糖漿，非常建議使用伯爵紅茶糖漿。
遇上酸味較強的美式咖啡時，則需再增加糖漿的用量，味道會更平衡。

伯爵紅茶糖漿 **3** 大匙
冰滴咖啡或冷泡咖啡 **1/3** 杯（**70c.c.**）
→作法參考 **P169**
牛奶 **1** 杯（**200c.c.**）
水（預熱用）適量

1. 先將水煮沸，在茶壺和成品杯中倒入沸水至 5 分滿，溫熱 30 秒後倒掉。
2. 在預熱好的成品杯中，倒入伯爵紅茶糖漿和咖啡。
3. 在鍋中倒入牛奶，用中小火邊煮邊攪拌，冒泡即關火。
4. 在步驟❷的成品杯中倒入熱牛奶即完成。若想要喝熱一點，在牛奶加熱的同時，也需將咖啡加熱。

製造奶泡的要領

想在拿鐵上方倒入一層奶泡時，需在加熱牛奶時，以奶泡器快速攪打，待鍋子周邊開始生成泡沫時，關火。牛奶不要加熱至沸騰，否則細微泡沫會消失。

62 檸檬紅茶

在炎熱的夏天適合以伯爵紅茶與檸檬果醬做成冰檸檬紅茶，
味道酸酸甜甜，並且散發著淡淡的茶味，是很棒的消暑聖品。

伯爵紅茶糖漿 **4** 大匙
檸檬果醬 **2** 大匙
→作法參考 **P53**
水 **1** 杯（**200c.c.**）
冰塊 **1** 杯

1. 準備杯身較高的成品杯。
2. 在成品杯中加入檸檬果醬，並倒入冰塊至滿。
3. 再倒入水，以攪拌匙攪拌均勻。
4. 最後倒入伯爵紅茶糖漿，攪拌均勻即完成。

紅茶變混濁的原因

製作冰紅茶時，茶常會變得混濁，稱為「冷後混」現象。這是因茶的溫度下降時，兒茶素與咖啡因會結合產生乳化作用，所以出現淺褐色的乳凝物質。但不會影響茶的味道。

63 薰衣草紅茶汽水

這是手作糖漿和濃縮汁調製成的特殊飲品。
添加薰衣草濃縮汁的伯爵紅茶汽水，極力推薦給常受頭疼之苦的人，
喝了之後能讓沉重的頭稍微放鬆。

伯爵紅茶糖漿 **3** 大匙
薰衣草濃縮汁 **1** 大匙
→作法參考 **P95**
檸檬氣泡水 **1** 杯
（**200c.c.**）
冰塊 **1** 杯
迷迭香 適量

1. 在成品杯中倒入伯爵紅茶糖漿、薰衣草濃縮汁攪拌均勻。薰衣草的香味強烈，所以只放入伯爵紅茶用量的 1/3。
2. 倒入冰塊至滿。
3. 氣泡水分 2 次倒入。
4. 最後以迷迭香做裝飾即完成。若沒有迷迭香，也能以百里香代替。

氣泡水種類的挑選法

添加在一般飲品中的氣泡水，建議使用原味的。薰衣草紅茶汽水此類飲品，則適合一樣有強烈香味的檸檬氣泡水，檸檬的香與酸能讓風味更出色。

64 伯爵奶茶

伯爵紅茶據聞是 **19** 世紀時，一名中國官員送給英國外交館格雷伯爵的贈禮，
因散發著香檸檬的氣息，長期以來受到人們的喜愛。
以伯爵紅茶糖漿來調整糖度，奶茶會變得更香醇。

伯爵紅茶糖漿 **4** 大匙
紅茶茶包 **2** 包
牛奶 **1** 杯（**200c.c.**）
冰塊 **1** 杯

1. 在杯中加入牛奶、紅茶包，用保鮮膜覆蓋後，放入冰箱冷藏，進行 12 小時的冷浸。
2. 在成品杯中倒入冰塊至滿。
3. 在杯中倒入步驟❶的冷浸牛奶和茶包。若連茶包也一起放入，一直喝到見底都仍會散發茶香。
4. 最後加入伯爵紅茶糖漿，攪拌均勻即完成。

奶茶保存期限為冷藏 3 天

添加糖漿的奶茶，自調製日起 3 天內需飲用完畢，且需放入冰箱冷藏。若想品嘗到更濃醇紅茶，在冷浸過程中，可以多放入 1 包紅茶包。

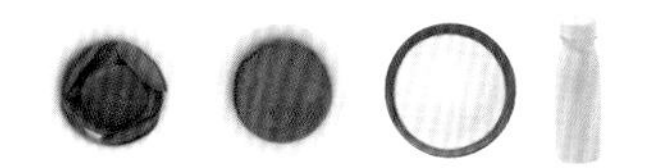

巧克力糖漿

巧克力糖漿是孩子非常喜愛的糖漿之一。
比起加水調成飲品，淋在冰淇淋或牛奶上，味道會更好。
使用可可含量在 **70%** 以上的巧克力製作糖漿，味道不甜，而且會帶點苦澀味，
再添加適量的白巧克力後，即可完成甜蜜柔滑的口感。
若覺得奶香味道太淡，可再添加和牛奶相同量的鮮奶油。
另外，可可粉需用濾網過濾，才能避免出現凝結成塊的現象。

黑巧克力 **1/2** 杯（**100** 克）、無糖可可粉 **1/2** 杯（**80** 克）、糖 **1** 杯（**180** 克）、
牛奶 **1** 又 **1/2** 杯（**300c.c.**）

1. 在鍋中倒入牛奶烹煮至即將沸騰。
2. 轉以小火續煮，倒入黑巧克力，以同一方向攪拌至巧克力融化。
3. 關火，倒入無糖可可粉攪拌均勻。
4. 再倒入糖，待所有食材皆融化，重新加熱至沸騰。
5. 關火，打開鍋蓋，冷卻。待完全冷卻後，為了避免生成油脂層，以手持攪拌器快速攪拌一下。
6. 裝瓶後，冷藏於冰箱。

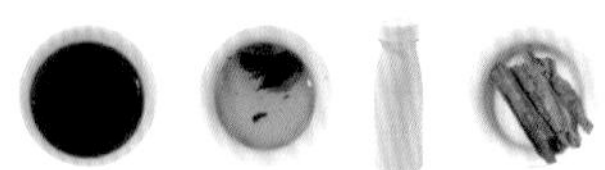

65 肉桂可可

天氣寒冷時，人們總是會想起的飲品首推熱巧克力！
在調製過程中，巧克力香味會四處飄散，使人心情愉快。
在熱巧克力中添加適量肉桂糖漿，即可馬上完成暖身又暖心的熱飲！

巧克力糖漿 **3** 大匙
肉桂糖漿 **1** 小匙
→作法參考 **P123**
牛奶 **1** 杯（**200c.c.**）
肉桂片 **1** 片
水（預熱用）適量

1. 在鍋中加入牛奶、巧克力糖漿、肉桂糖漿、肉桂片以中火烹煮。
2. 另外將水煮沸，在成品杯中倒入沸水至 5 分滿，溫熱 30 秒後倒掉。
3. 待步驟❶的鍋子沸騰時，關火。需要掌控好關火的時間，以免牛奶溢出。
4. 在預熱好的杯子中倒入步驟❸的熱飲即完成（需連肉桂片也一起倒入）。

增加肉桂的香氣

若希望熱肉桂可可的香味更濃烈，建議再添加丁香或白荳蔻等香料。白荳蔻帶有柑橘香，飲用後可讓人心情變好。

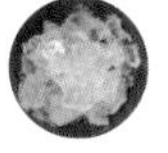

66 伯爵巧克力

除了深受小孩與女性喜愛的熱巧克力，
最近也流行紅茶和巧克力混合成的飲品，
其中以伯爵紅茶和巧克力的組合最為人知和喜愛。

巧克力糖漿 **4** 大匙
伯爵紅茶茶包 **1** 包
熱水 **1/4** 杯（**50c.c.**）
牛奶 **1** 杯（**200c.c.**）
冰塊 **1** 杯

1. 在杯中倒入熱水，放入伯爵紅茶茶包泡 3 分鐘。
2. 取出茶包，倒入巧克力糖漿攪拌均勻，製作成紅茶巧克力糖漿。
3. 在成品杯中放入冰塊、倒入牛奶。
4. 再倒入步驟❷的紅茶巧克力糖漿即完成。

各種類型的茶包特徵

挑選茶包時，請留意茶包的形狀。比起三角立體茶包，個人建議使用方形茶包更好。此外碎茶葉的茶包較能泡出味道濃郁香醇的茶。

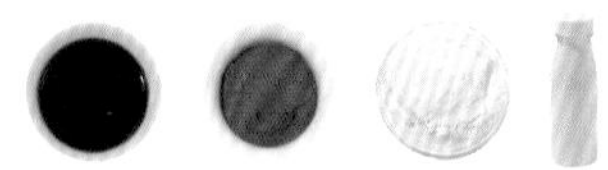

67 巧克力奶昔

這是兒童喜歡的夏日冷飲之一。
一般是以巧克力和香草冰淇淋調製成巧克力奶昔，
但其實也能以巧克力冰淇淋代替，讓口中滿溢著巧克力香！

巧克力糖漿 **4** 大匙
可可粉 **1/2** 大匙
香草冰淇淋 **2** 球
低脂牛奶 **1/2** 杯（**100c.c.**）

1. 準備 1 個有手把的成品杯。
2. 在果汁機中放入巧克力糖漿、可可粉、香草冰淇淋、牛奶。
3. 先以高速將所有食材攪碎混合。
4. 再以低速攪打均勻，即可完成口感柔滑的奶昔。

牛奶中的脂肪含量

依照脂肪含量，牛奶有全脂牛奶、低脂牛奶、脱脂牛奶、高脂牛奶之分。一般全脂牛奶含有 3.25% 的脂肪，低脂牛奶則為 1%，脱脂牛奶則是 0.1 ～ 3%。

68 冰摩卡

摩卡是活用巧克力糖漿調製成的代表性咖啡飲品。
咖啡上方飄浮著發泡鮮奶油，一口喝下，香甜、濃醇、微苦一次迸發。
記得，杯子上方的發泡鮮奶油需呈圓弧狀，味道會更好。

巧克力糖漿 **3** 大匙
冰滴咖啡或冷泡咖啡
1/3 杯（**70c.c.**）
→作法參考 **P169**
牛奶 **1** 杯（**200c.c.**）
市售的發泡鮮奶油 適量
冰塊 **1** 杯

1. 將咖啡、巧克力糖漿放入杯中拌勻。
2. 在成品杯中倒入冰塊至滿。
3. 在步驟❷的杯中倒入步驟❶的咖啡巧克力糖漿、牛奶。
4. 最上方依個人喜好加入鮮奶油即完成。

咖啡和巧克力的搭配

和巧克力糖漿搭配的咖啡，以酸度高的咖啡豆沖泡出來的咖啡為佳。因此建議購買淺烘焙的咖啡豆。

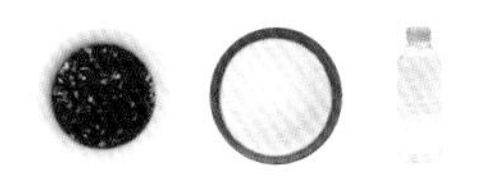

義式咖啡糖漿

在冰淇淋或奶昔中添加一些義式咖啡糖漿，其散發出的咖啡香味，
就彷彿直接品飲到咖啡一般。
製作好的義式咖啡糖漿，需放入冰箱冷藏，經過一天的熟成，
濃度和風味都會大幅提升。
需留意，在夏天製作完成後，要盡量快點放入冰箱冷藏，以避免變質。

咖啡豆 **8** 大匙（**80** 克）、糖 **2** 杯（**360** 克）、水 **2** 杯（**400c.c.**）

1. 在手搖磨豆機中，放入咖啡豆磨成粉。
2. 在鍋中放入水煮至沸騰。
3. 關火，加入咖啡粉浸泡 3 分鐘。
4. 用咖啡濾網濾掉咖啡粉，取得濃醇的咖啡。
5. 在鍋中倒入步驟❹的咖啡加熱，再加入糖煮至溶化後，關火。
6. 待冷卻後，裝入消毒過的保存容器中，放入冰箱冷藏，進行 1 天的熟成。

69 義式咖啡星冰樂

這是以不添加奶油和牛奶的義式咖啡調製出來的飲品，和市售的星冰樂非常相似。
若再添加適量的碎冰，即可品嘗到比冰美式咖啡更冰涼暢快的感受。
推薦給喜歡淡口味咖啡的人。

義式咖啡糖漿 **6** 大匙
水 **2/3** 杯（**140c.c.**）
冰塊 **1** 又 **1/2** 杯

1. 在果汁機中加入咖啡糖漿和水。
2. 再加入冰塊，攪打成碎冰。
3. 以勺子舀入成品杯中即完成。

家用果汁機的使用方法

想將冰塊攪打成碎冰需先將冰塊置於室溫下，使其自然融化至不過於堅硬的狀態，再放入果汁機中攪碎；或在放入果汁機前，先以鎚子敲打一下。

70 愛爾蘭咖啡

這是在天氣變化無常的都柏林機場裡，針對怕冷的乘客所研發出來的咖啡。
在咖啡中添加威士忌，再加上柔滑的鮮奶油並撒上黑糖，味道馬上變得與眾不同。

義式咖啡糖漿 **4** 大匙
威士忌 **1** 小匙
發泡鮮奶油 **2** 大匙
水 **1/2** 杯（**100c.c.**）
冰塊 **1/2** 杯
黑糖 適量

1. 在容器中混合義式咖啡糖漿和威士忌。
2. 在成品杯中放入冰塊至 1/2 滿，再倒入步驟❶的食材。
3. 接著倒入水，輕輕攪拌後，在最上方加入發泡鮮奶油。
4. 再撒上黑糖即完成。

無酒精的愛爾蘭咖啡

若想品嘗無酒精的愛爾蘭咖啡，將原本添加在糖漿中的威士忌改成添加 1 滴在鮮奶油中，讓鮮奶油散發出威士忌香味即可。

71 豆奶拿鐵

近來素食主義者的人數逐年增加，
但咖啡店中為素食者量身訂做的飲品其實並不多。
此款豆奶拿鐵是在無糖豆漿中添加義式咖啡糖漿，會散發出豆香和咖啡香，
很適合不能喝牛奶的乳糖不耐症者或素食者。

義式咖啡糖漿 **5** 大匙
無糖豆奶 **1** 杯（**200c.c.**）
冰塊 **1** 杯

1. 在成品杯中倒入冰塊和豆奶。
2. 再加入義式咖啡糖漿。
3. 上下攪拌均勻即完成。需上下攪拌的理由在於使飲料中形成空氣層，增添飲品的風味。

以黃豆粉代替

不加豆奶而改加黃豆粉時，1 杯飲品添加 30 克，即可調製出好喝的豆奶拿鐵。此外，添加無糖杏仁奶的拿鐵也很好喝。

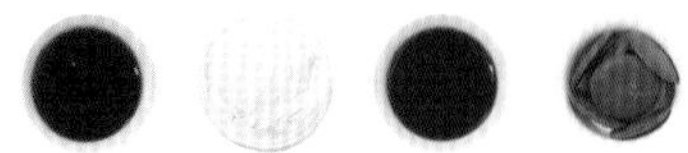

72 甜蜜阿法奇朵

「阿法奇朵」在義大利語的語意為「淹沒」，
顧名思義就是將冰淇淋浸沒在義式咖啡中的飲品。
若放入香草冰淇淋，味道會變得更加濃郁。

義式咖啡糖漿 **5** 大匙
香草冰淇淋 **1** 球
巧克力糖漿 **1** 大匙
→作法參考 **P133**
巧克力片 適量

1. 準備冰淇淋高腳杯。
2. 在高腳杯中加入香草冰淇淋。
3. 在冰淇淋上方淋上巧克力糖漿。若覺得巧克力糖漿太甜，可撒上一些巧克力粉，味道會更好。
4. 再倒入義式咖啡糖漿，最後放巧克力片做裝飾即完成。

成品杯的挑選

冰淇淋比冰塊更快溶化，所以需選擇高腳杯，才能方便品嘗到整球冰淇淋。

以「飲品粉」調製的飲品

近年來，走進超市就能買到各式各樣的飲品粉，而且沖泡之後就能立即飲用。
但是，不知道你是否真正了解這些粉末的成分呢？
據研究，部分飲品粉常添加乾酪素鈉等食品添加物，喝了有害健康。
在本章節中，將為大家介紹在家就能輕鬆製作的綠茶粉、巧克力粉、奶茶粉等飲品粉。
飲品粉和糖漿不同，不添加水或牛奶去煮，食材本身的味道和香氣十分濃郁。
若在製成的飲品粉旁放一包食品用的矽膠乾燥劑，就能延長保存期限！

◎ 主食材 粉狀食材皆能製成基底

茶葉、巧克力、香料等可以磨成粉的食材皆能做成飲品粉。茶葉的用量只要其他食材的 20 ～ 30%，即可散發原本的香味。

◎ 調製重點 濾網過濾，留下細緻粉末

飲品粉是由主食材和糖一起磨成的，主食材若未完全磨成細粉，會很難下嚥。凝結成團塊的粉需用濾網過濾掉，只留下細緻的粉末。

◎ 注意事項 矽膠乾燥劑一定要用新的

飲品粉中一般會添加糖，所以濕氣重時，就會凝固成糖塊。為了預防這種狀況，需和矽膠乾燥劑一起裝瓶。有些人會重複使用舊的矽膠乾燥劑，但可能已沾染到異味，若再使用，有可能會影響到粉末的味道，建議使用新的。

◎ 保存方法 放在無陽光直射的暗處

飲品粉建議保存在無陽光直接照射的室內。若是存放在冰箱，取出後暫時放置在室溫下的話，有可能因為會接觸到濕氣，而出現凝固成團塊的現象。

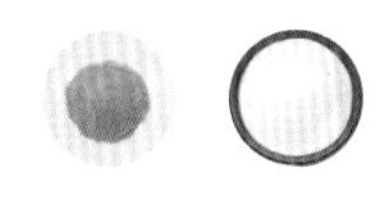

綠茶粉

以有機綠茶粉添加糖度較低的塔洛糖所製作出來的綠色飲品粉，
非常適合與咖啡、牛奶等各類飲品調配在一起，風味絕佳！
如果茶葉在採收前 **20** 日有以黑網覆蓋遮光，就會呈現深綠色，其香氣更加醇厚；
在下雨前採下的綠茶葉，香氣也最好，建議選用以這類茶葉製成的綠茶粉。
市售的綠茶粉，一般會以綠茶 **70%**、綠球藻或菠菜 **30%** 的比例混製而成，
採購時需多加留意，請購買 **100%** 純綠茶成分的綠茶粉。

綠茶粉 **1/4** 杯（**50** 克）、糖 **1** 杯（**180** 克）

1. 準備深綠色綠茶粉。需採購無黃色光澤、色澤鮮明的綠茶粉。
2. 在果汁機中加入綠茶粉、糖攪打均勻。
3. 攪打至綠茶粉和糖完全混合成同一顏色。
4. 在保存容器中放入混合完成的粉末和矽膠乾燥劑。

用剩的綠茶粉需放入冰箱冷凍

用剩的綠茶粉不可放置在室溫下，需放入冰箱冷凍。若放置在室溫下，粉末色澤會立即變成褐色。先在存放綠茶粉的容器中放入厚鋁箔紙後，裝入綠茶粉，用鋁箔紙包覆密封、排除空氣，再放入冰箱冷凍。

73 翠綠義式咖啡

這款飲品可同時品嘗到茶的回甘與咖啡的香氣。
以綠茶粉和義式咖啡混合而成的飲品，具有獨特新滋味。
綠茶粉可選擇韓國產有機綠茶，會比日本產的更為適合。

綠茶粉 **1** 大匙
冰滴咖啡或冷泡咖啡
1/4 杯（**50c.c.**）
→作法參考 **P169**
牛奶 **1** 杯（**200c.c.**）
冰塊 **1** 杯

1. 在成品杯中加入綠茶粉。
2. 倒入一半的牛奶攪拌均勻。
3. 加入冰塊至滿。
4. 倒入剩餘的牛奶、咖啡即完成。

製作透明冰塊

家中自製的冰塊之所以不透明，原因在於冰塊裡有氣泡。先將水煮沸後，再放入冰箱冷凍，即可預防冰塊中生成氣泡，製造出透明的冰塊。

74 綠拿鐵

如果覺得綠茶太苦澀，添加牛奶的綠茶拿鐵會是最好的選擇。
這是我在一次東京旅行期間，偶然品嘗到的美好味道，
請試著調製看看，也許會有置身於日本的感受。

綠茶粉 **2** 大匙
牛奶 **1** 杯（**200c.c.**）
冰塊 **1** 杯

1. 在杯中倒入 1/3 的牛奶、綠茶粉攪拌均勻。
2. 在高杯身的成品杯中倒入冰塊至滿後，再倒入 2/3 的牛奶。
3. 在步驟❷的杯中倒入步驟❶的綠茶牛奶，即完成飲品。

將粉末攪拌均勻

以飲品粉調製飲品時，需將粉末攪拌均勻，入口時才會滑順。訣竅在於：先於成品杯中倒入飲料至 5 分滿，再添加粉末並拌勻，最後再倒入剩餘飲料，這樣就不會讓飲品殘留粉末顆粒。

香草粉

香草粉的製作方法比製作香草糖漿更簡單，味道卻更濃厚，
因為香草粉是將整個香草莢放入果汁機中，攪勻打成粉末狀。
此外，香草莢會經過「陰乾」的過程，能讓多餘的水分被去除掉。
陰乾的方法為：將香草莢切成 **1** 公分長，放置在無陽光照射的陰暗處，
晾乾 **2** 至 **3** 天；或者也可以將香草莢插在玻璃杯中，靜置在桌上幾天。
香草粉不僅能用來調製成飲品，也可以做為糖的替代品。

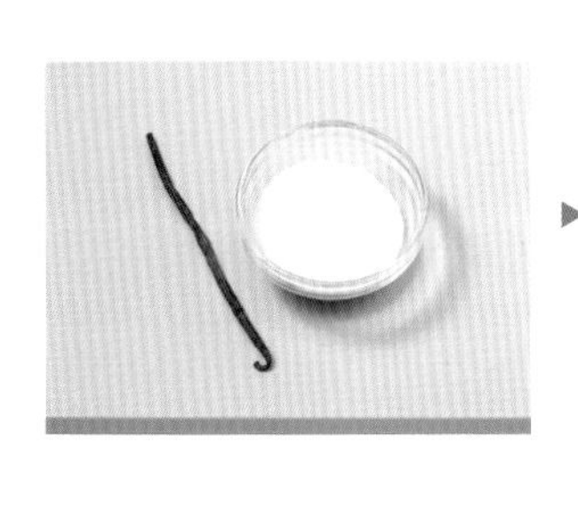

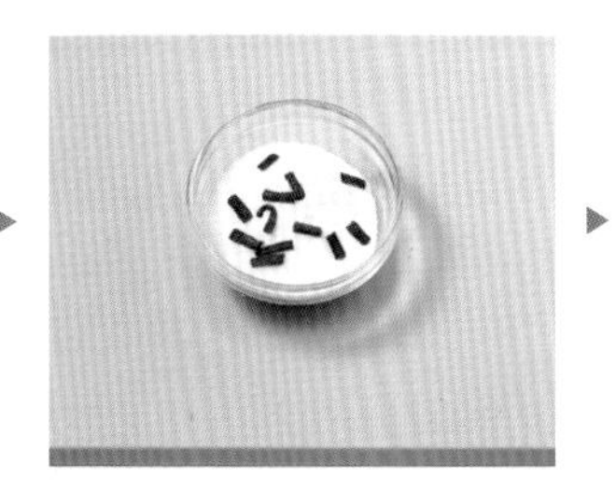

陰乾的香草莢 **1** 枝（**2** 克）、糖（**180** 克）

1. 準備好香草莢。在容器中加入顆粒細緻的塔格糖備用。
2. 將香草莢切成 1 公分的長度，放在陰暗處晾乾。
3. 將晾乾的香草莢剪成好幾個小塊狀，再放入步驟❶的容器中，和糖混合。
4. 以果汁機將步驟❸的食材攪打成粉末狀。
5. 用濾網過濾粉末後，連同矽膠乾燥劑放入保存容器中。

濾掉香草莢中的纖維

整個香草莢攪打成粉末後，在最後階段需用濾網過濾，才能濾掉豆莢的雜質。為了充分濾掉雜質，建議使用較細的濾網。

75 香草奶昔

濃郁香醇的香草冰淇淋，總是深受大人、小孩的愛戴。
想要在炎炎夏日手拿一杯「可以吸的」香草冰淇淋，
就用冰淇淋和香草粉，調製出香甜可口的奶昔吧！

香草粉 **2** 大匙
香草冰淇淋 **2** 球
牛奶 **1/2** 杯（**100c.c.**）

1. 在果汁機中放入香草粉和香草冰淇淋。
2. 以高速攪打均勻。
3. 再倒入牛奶，再次攪打均勻。
4. 在成品杯中倒入步驟❸的奶昔即完成。

冰淇淋挑選法

隨著使用的冰淇淋種類的不同，奶昔的味道會變得不一樣。乳脂肪含量高的冰淇淋，可以調製出濃醇的奶昔；富有咀嚼口感的義式冰淇淋則可調製出清涼感的奶昔。

    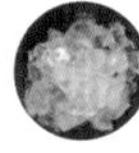 

76 鳳梨柳橙汁

這是用鳳梨和柳橙調製出來的飲品，再以香草粉調整整體的酸度，
打造出不刺激、不甜膩的清新味道。
若是以檸檬、萊姆等酸味強的水果調製飲品，也可使用香草粉中和酸度。

香草粉 **1/2** 大匙
鳳梨切片 **1** 片
中型柳橙 **1/2** 顆
水 **1** 杯（**200c.c.**）
冰塊 **1/2** 杯
迷迭香 適量

1. 將鳳梨切成小塊狀。
2. 柳橙削皮後，切成類似鳳梨大小的塊狀。
3. 在果汁機中放入鳳梨塊、柳橙塊、水、冰塊、香草粉攪打均勻。
4. 在成品杯中倒入步驟❸的果汁，並放上鳳梨切片和迷迭香做裝飾。

鳳梨先切塊再攪打

鳳梨的纖維質含量高，放入果汁機前，需切成適當的大小，並去除鳳梨中間堅硬的芯，才會有柔滑的口感。

巧克力粉

小時候最喜歡的阿華田、美祿等品牌的可可飲品，其實也可以自己做！
將無糖可可粉和切碎的巧克力塊一起攪打均勻，
就能做出美味的巧克力粉，不甜不膩、喝得安心！
巧克力粉本身不易和冰牛奶混合均勻，所以建議在無糖可可粉中，
添加黑巧克力製成粉末，就能泡出不結塊的順口熱飲。
製成的巧克力粉，必須放入冰箱冷藏。

無糖可可粉 **1/2** 杯（**80** 克）、黑巧克力 **1/4** 杯（**50** 克）、糖 **1** 杯（**180** 克）

1. 在容器中加入無糖可可粉和糖攪拌均勻。
2. 將黑巧克力切小塊。
3. 在果汁機中加入步驟❶和❷的食材攪打均勻。
4. 在保存容器中放入攪打完的巧克力粉，再放入矽膠乾燥劑。

短時、快速攪打巧克力

將巧克力塊攪打成粉末時，遵守短時、快速的原則。若攪打過久，巧克力中的奶油會再次凝結成團塊。製成的巧克力粉必須放入冰箱內冷藏，若置於室溫下，有可能凝結成團塊。並請留意每次製作分量勿過多。

77 覆盆子巧克力

喝膩了熱巧克力，不如變化一下口感，來杯清涼的冰覆盆子巧克力吧！
在巧克力飲品中加入酸酸甜甜的覆盆子果醬，
讓巧克力飲多了一絲俏皮趣味。這也是我最喜歡的飲品之一。

巧克力粉 **2** 大匙
覆盆子果醬 **1** 大匙
→作法參考 **P59**
牛奶 **1** 杯（**200c.c.**）
冰塊 **1** 杯

1. 在成品杯中放入巧克力粉和覆盆子果醬攪拌均勻，靜置一段時間。
2. 放入冰塊、一半的牛奶攪拌均勻。
3. 倒入剩餘的牛奶即完成。

覆盆子和牛奶的營養成分

覆盆子和牛奶是十分相配的組合。覆盆子中的有機酸和維生素 C 能幫助人體吸收牛奶中的鈣質。覆盆子籽含有豐富的 Omega-3 脂肪酸。所以覆盆子和牛奶所調製成的飲品含有各種豐富的營養素。

78 生薑巧克力

你知道嗎？絕佳品嘗巧克力飲品的方法之一，
就是將能夠使人體舒暢的辣味生薑，與巧克力搭配一起飲用。
加入生薑濃縮汁調製而成的熱巧克力，在冬天暖暖地暢飲吧！

巧克力粉 **2** 大匙
生薑濃縮汁 **1** 大匙
→作法參考 **P73**
牛奶 **1** 杯（**200c.c.**）
發泡鮮奶油 **3** 大匙
水（預熱用）適量

1. 先將水煮沸，在成品杯中倒入沸水至 5 分滿，溫熱 30 秒後倒掉。
2. 在預熱好的成品杯中，放入巧克力粉和生薑濃縮汁攪拌均勻。
3. 在鍋中倒入牛奶，用中小火邊煮邊攪拌，冒泡即關火。
4. 在步驟❷的杯中加入熱牛奶攪拌均勻，再加入發泡鮮奶油即完成。

保持熱飲的溫度

保持熱飲的溫熱口感十分重要。將倒入熱茶的馬克杯放置在厚厚的木墊上，或以內圍為不鏽鋼的杯子裝盛熱飲，都是保持熱度的方法。

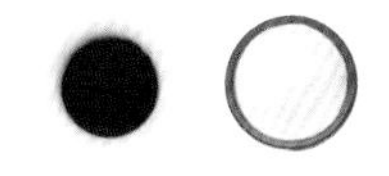

奶茶粉

用細碎的紅茶葉和糖，就能製作出超市熱銷的奶茶粉！
若是家裡有高速果汁機，只要將完整的紅茶葉片和糖直接放入，
攪打成粉末即可，這樣的香味也更好。
像是伯爵紅茶、阿薩姆紅茶、錫蘭紅茶等紅茶粉，都很適合做為基底。
這裡我選擇使用紅茶成分 **100%** 的紅茶粉來製作奶茶粉。
奶茶粉必須存放在無陽光直接照射處，且有效期限為 **6** 個月。

紅茶粉 **1/4** 杯（**50** 克）、糖 **1** 杯（**180** 克）

1. 紅茶粉和糖的比例約為 1：4。製作茶類的飲品粉時，茶葉的用量需較其他食材少。
2. 在果汁機中先加入較輕的紅茶粉，再放入較重的糖，攪打均勻。
3. 在保存容器中放入製作好的奶茶粉，記得連矽膠乾燥劑也一起放入。

以茶包代替紅茶粉

紅茶粉是指完全無添加任何調味料的原味紅茶粉。若家中無紅茶粉，可以紅茶包中的茶葉製作成奶茶粉。用果汁機將紅茶包中的茶葉攪打成粉末狀，再用濾網過濾，取得細緻粉末後，將紅茶粉和糖放入果汁機中攪打均勻即可。

79 皇家奶茶

第一次看見奶茶隨身包，是很久以前於國外出差時在路邊遇見的小販。
因為過去只知道咖啡隨身包，所以感到非常神奇，後來便開始研究作法。
若是家中有細緻的紅茶粉，就能輕鬆做出奶茶粉，一點也不麻煩！

奶茶粉 **3** 大匙
牛奶 **1** 杯（**200c.c.**）
熱水 **1/4** 杯（**50c.c.**）

1. 在成品杯中倒入熱水、奶茶粉攪拌均勻。
2. 在鍋中倒入牛奶，用中小火邊煮邊攪拌，冒泡即關火。
3. 在步驟❶的杯中倒入熱牛奶即完成。

以茶粉調製飲品

以茶粉調製成的飲品，喝完時，杯底會殘留粉末。以紅茶葉或綠茶葉等製作出來的粉末調製成的飲品，因茶本身特性，需等 1 分鐘後再飲用，才能品嘗到味道香醇的茶。

80 奶茶奶昔

奶昔具有冰淇淋的香氣，也有入口即化的柔順口感，
因此經常是咖啡店的人氣飲品。
加入奶茶粉後，奶昔還多了茶香，搖身一變成好喝的奶茶奶昔！

奶茶粉 **2** 大匙
香草冰淇淋 **2** 球
牛奶 **1/2** 杯（**100c.c.**）

1. 在果汁機中加入冰淇淋、牛奶、奶茶粉。
2. 先以高速攪打均勻。
3. 再以低速攪打 10 秒以上，製作出柔滑的口感。
4. 在成品杯中倒入飲品即完成。

調製出美味的奶茶奶昔

奶茶奶昔是純以牛奶、冰淇淋、適量的自製奶茶粉製成，不添加任何冰塊。如果喜歡滋味再更豐富一些，再以水果糖漿或巧克力糖漿調味即可。

冷泡茶

有別於用熱水沖泡茶葉，用冷水浸泡茶葉的「冷泡」方法，
能萃取出較少的丹寧酸和咖啡因，味道比較不苦澀。
做為飲料基底的冷泡茶，以 **1** 瓶 **300c.c.** 的礦泉水加入 **1** 包茶包為宜；
若想改變一下家裡飲用水的味道，也可在 **2** 公升的水裡放入 **1** 包茶包，
浸泡 **12** 小時後，就能完成色澤好看、味道甘甜的冷泡茶。
若浸泡時間過久，味道會太濃烈，飲品顏色也會變得混濁。
冷泡茶若想存放 **3** ～ **4** 天以上，必須拿掉茶包，或倒入其他瓶子中。

▶

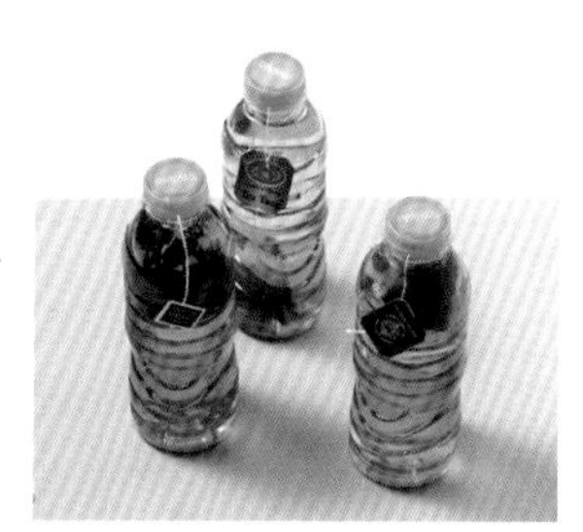

▶

茶包 **1** 包、水 **1** 又 **1/2** 杯（**300c.c.**）

1. 準備 300c.c. 的礦泉水 1 瓶。
2. 將茶包放入礦泉水中。
3. 冷藏 12 小時，再取出茶包。

使用茶葉時以 1 小匙（2 ～ 3 克）為宜

大部分的茶包容量為 1.5 ～ 2 克。使用茶葉時，以放入 2 ～ 3 克為佳。使用茶包製作冷泡茶，會比茶葉更加方便。

81 蘋果刺果番荔枝茶

刺果番荔枝（又名山刺番荔枝）是一種熱帶水果，又稱紅毛榴槤。
這種水果具有抗癌、提高免疫力，消除壓力等功能。
心情不好時，就來一杯充滿天然香氣的茶吧！

刺果番荔枝葉茶包 **1** 包
蘋果汁 **1** 杯（**200c.c.**）
冰塊 **1** 杯

1. 準備 1 個乾淨的瓶子。
2. 在瓶中放入茶包。
3. 再倒入蘋果汁，冷泡 12 小時。
4. 在成品杯中倒入步驟❸的飲品和茶包，再倒入冰塊至滿即完成。

自製茶包

若沒有茶包，只有茶葉的話，也可以自製茶包。只要準備紙質的沖茶袋，裝入約 2 克茶葉，用線綁起來即可。

82 葡萄酒香紅茶氣泡飲

這是一款果香、酒香、茶香的迷人結合，
具備如香檳的色澤，非常適合在家庭聚餐時、招待客人時飲用。
只要記得，因為需冷藏 **3** 小時，所以要提前調製完成。

葡萄酒薰香紅茶茶包 **1** 包
氣泡水 **1** 又 **1/2** 杯
（**300c.c.**）
冰塊 **1** 杯

1. 準備 1 個乾淨的瓶子。
2. 在瓶中放入茶包。
3. 再倒入氣泡水，放入冰箱冷藏 3 小時。
4. 在成品杯中倒入步驟❷的飲品和茶包，再加入冰塊即完成。

氣泡水的替代品

若討厭嗆鼻的氣泡水，能改成在白開水中放入茶包冷泡，如果想要相同的甜度，則需再添加 1 大匙糖。因青葡萄和冰葡萄酒薰香紅茶也很相襯，若以青葡萄片做裝飾，滋味和外觀都能再升級。

83 冷泡奶茶

在牛奶中放入紅茶葉冷泡 **12** 小時，能使紅茶的特殊香氣自然滲透在牛奶中，
而且沒有經過加熱，不會有許多人不愛的濃郁奶香味。
簡單準備一個瓶子，再取出紅茶包，即可輕鬆完成冷泡奶茶。

紅茶茶葉 **2** 大匙（**10** 克）
糖 **1** 大匙
牛奶 **1** 杯（**200c.c.**）

1. 準備 1 個乾淨的瓶子。
2. 在瓶中加入紅茶茶葉和糖。
3. 再倒入牛奶冷泡 12 小時。
4. 濾掉茶葉後，倒入成品杯即完成。

紅茶的建議產地

調製奶茶用的紅茶建議使用味道濃醇的錫蘭紅茶、伯爵紅茶、阿薩姆紅茶。冰紅茶用的紅茶則建議使用帶水果香味的茶葉，例如會散發出青葡萄香的大吉嶺紅茶非常適合。

84 冰紅茶多多

這款在養樂多中散發出紅茶香的冰紅茶多多，口味非常與眾不同！
隨著挑選的紅茶品種不同，調製出來的飲品味道和香氣也會有所不同。
即使不喜歡紅茶，當加入多多裡時，也能做出令自己一口接一口的好味道！

葡萄酒薰香紅茶茶包 **1** 包
養樂多 **1** 杯（**200c.c.**）
冰塊 **1** 杯

1. 準備 1 個乾淨的瓶子。
2. 在瓶中加入茶包。
3. 再倒入養樂多，放入冰箱冷藏 12 小時。
4. 在成品杯中倒入步驟❷的飲品及茶包，再加入冰塊即完成。

加入花草茶冷泡

花草茶和多多也十分搭配。在多多中放入紅色木槿冷泡，即可暈染出粉紅色光澤。建議使用藍莓紅茶或香蕉紅茶。

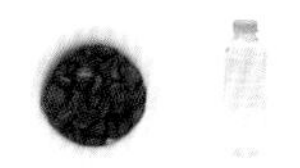

冷泡咖啡

製作冰咖啡的方法很多，如「美式冷泡法」是在容器中加入咖啡粉，
倒入冷水長時間浸泡，再經過濾的咖啡，亦可稱為冰釀咖啡；
而「日式冰滴法」則是在咖啡滴漏壺中以冷水萃取，又可稱為冰滴咖啡；
還有「冰鎮咖啡法」，是在熱咖啡中加冰塊，使其冷卻，快速完成一杯冰咖啡。
本書中，我將介紹的是美式冷泡法。這種咖啡不能立即飲用，
必須經過 **3** ～ **4** 天的冷藏後，才能品嘗到豐富的咖啡口感。

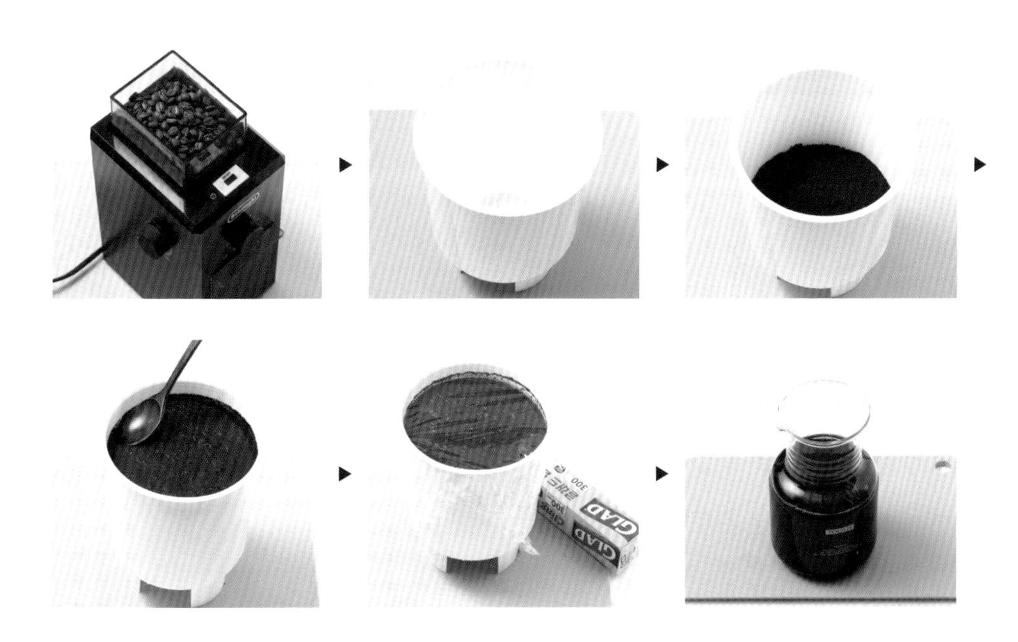

咖啡豆、水（用量依照器材的規格準備） ＊準備器材：冷泡咖啡萃取壺、磨豆機

1. 在磨豆機中放入咖啡豆，磨成較義式咖啡粉粗一點的粉末。
2. 在萃取壺中倒入水 2 杯、磨好的咖啡粉 2 杯。
3. 再倒入其餘的水和咖啡粉。
4. 用湯匙於表面按壓，使咖啡粉均勻沾濕水分。
5. 以保鮮膜密封起來，放在盛裝咖啡液的杯身，放入冰箱冷藏 12 小時再取出。
6. 在無水氣的瓶中倒入萃取出的咖啡，放入冰箱冷藏 3 天。
※ 註：萃取壺的品牌不同，規格與使用方法亦不同，請參照使用說明書製作。

稀釋後再飲用

冷泡咖啡含有大量咖啡因，因此要以其他飲料或水進行稀釋。建議以多個小容器盛裝，延長保存。

85 拿鐵

在寬口的咖啡杯中倒入濃咖啡和熱牛奶，兩者的色澤十分相配。
以冷泡咖啡製成的拿鐵，頻頻散發出咖啡香，即使冷卻了也非常好喝。
喜歡有點甜度的人，可再添加適量的糖，會更順口。

冷泡咖啡 **1/4** 杯（**50c.c.**）
牛奶 **1** 杯（**200c.c.**）
水（預熱用）適量

1. 先將水煮沸，在成品杯中倒入沸水至 5 分滿，溫熱 30 秒後倒掉。
2. 在杯中倒入冷泡咖啡。
3. 在鍋中倒入牛奶，用中小火邊煮邊攪拌，冒泡即關火。
4. 在步驟❷的杯中倒入熱騰騰牛奶即完成。

以不同的糖調整甜度

在拿鐵中放入糖漿，味道可能會太淡。最近咖啡店常以和飲品十分相配的糖代替糖漿。若使用白糖，用量正常；若使用非精緻糖時，因為比較不甜，所以需增加用量。

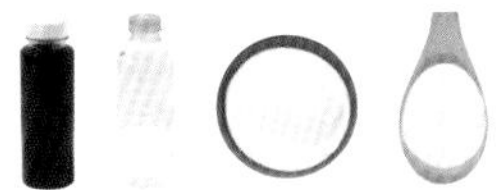

86 馭手咖啡

流行好一陣子的「馭手咖啡」，是在濃醇的黑咖啡中，放入奶油或冰淇淋。
據說是過去在奧地利，駕駛馬車的馭手們聚集在一起時非常喜歡喝的咖啡。

冷泡咖啡 **1/4** 杯（**50c.c.**）
熱水 **1/2** 杯（**100c.c.**）
糖 **1** 小匙
鮮奶油 **3** 大匙
水（預熱用）適量

1. 先將水煮沸，在成品杯中倒入沸水至 5 分滿，溫熱 30 秒後倒掉。
2. 在預備好的成品杯中倒入冷泡咖啡、熱水、糖攪拌均勻。
3. 將鮮奶油打發成泡沫狀。或使用市售的發泡鮮奶油。
4. 在步驟❷的成品杯中加入發泡鮮奶油即完成。

添加煉乳

馭手咖啡的重點是以發泡鮮奶油做裝飾。而若能在鮮奶油中加入煉乳並攪拌均勻，便可製作成甜的鮮奶油。

87 葡萄柚咖啡

在咖啡中加入檸檬、萊姆等柑橘類水果製成的果醬，能使口感更豐富。
此款飲品使用葡萄柚果醬，讓咖啡多酸甜味，口感更多元！

冷泡咖啡 **1/4** 杯（**50c.c.**）
葡萄柚果醬 **3** 大匙
→作法參考 **P27**
牛奶 **1** 杯（**200c.c.**）
冰塊 **1** 杯
葡萄柚乾 **1** 片
→作法參考 **P178**

1. 在成品杯中倒入葡萄柚果醬。
2. 再倒入冰塊。
3. 接著倒入牛奶，再倒入冷泡咖啡，做出 3 層顏色。
4. 在杯子的最上方，擺上葡萄柚乾做裝飾即完成。

以水果乾做裝飾

若家中有水果乾時，請放在杯子上方做裝飾，讓飲品飄逸著淡淡水果香。

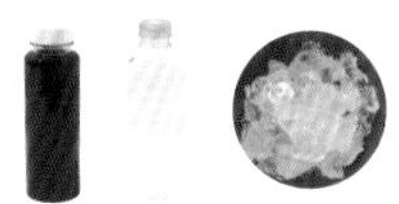

88 冰咖啡

在疲倦的日常生活裡，許多人一天都會喝上好幾杯咖啡。
如果對一次攝取太多咖啡因感到負擔，不妨將冷泡咖啡泡淡一點，並加入冰塊飲用。
搭配簡單的透明杯來裝盛，品嘗時更有放鬆的氛圍。

冷泡咖啡 **1/4** 杯（**50c.c.**）
冰水 **1** 杯（**200c.c.**）
冰塊 **1** 杯

1. 準備有杯蓋的長身瓶。
2. 在瓶中放入冰水和冷泡咖啡。
3. 蓋上蓋子，等待30分鐘～1小時，讓咖啡和水自然調和。
4. 在成品杯中倒入冰塊，再倒入步驟❸的咖啡即完成。

冰咖啡的飲用時機

冷泡咖啡在飲用前，需等待30分鐘～1小時，讓冷泡咖啡和水自然調和，才能品嘗到更濃醇的咖啡香。

以「水果乾」調製的飲品

曬乾的水果因水分減少，營養素和糖含量也會隨之提高，
味道和香氣變得更豐富。
將當季盛產的水果曬乾後，存放起來，日後可做為飲品食材。
水果乾的甜度雖高，但只以白開水調配的話，很難調製出味道香濃的飲品，
所以建議將水果乾和紅茶或花草茶等茶飲一起調製，風味更佳。

◎ 主食材 水果和香草

水果切片後，放置在廚房紙巾上，拭乾水氣。水果切成 0.5 公分厚的片狀，採自然乾燥法，放置在陽光充足的地方曬 48 小時，或以烘乾機烘 12 小時。隨著水果中的水分比的不同，所需的乾燥時間也不同，使用乾燥機時，因過於高溫，水果的色澤會變得稍淡。

◎ 調製重點 酸味水果需添加糖漿

柑橘類水果大部分帶有酸味，糖能降低酸味，製造出更美味的口感。水果曬乾前需先用廚房紙巾拭乾水氣，再塗抹上糖漿，糖漿才能自然滲透到水果中，製作出色澤鮮豔的水果乾。

◎ 注意事項 自然乾燥 VS 烘乾機

在盤子裡鋪上一層水果片，放在陽光直接照射處晾乾，因糖度高，有可能吸引蒼蠅飛來，所以需打開電風扇以趕走蒼蠅。在雨天或濕度高的日子，盡量避免採用自然烘乾法。使用烘乾機的話，以 70℃進行烘乾，食材的顏色較能接近原來的色澤。

◎ 保存方法 放入冰箱冷凍

以堆疊方式將水果乾放入保存容器中，再將保存容器放入冰箱中冷凍。需小心存放，避免水果乾變形。一般保存期限為冷凍 1 年。

檸檬乾

檸檬自從被評為最佳排毒果汁後，變得更為出名，
尤其在盛產期的夏天，檸檬冷飲、檸檬乾、檸檬點心等商品不斷推陳出新。
其中，檸檬乾具有即沖即飲的方便性，也相當受歡迎，
沒有必要去買檸檬乾，只要有檸檬、糖、時間，任何人都能在家輕鬆完成。
在製作檸檬乾時，請連富含營養、充滿香味的果皮也一起曬乾。
檸檬曬乾後，維生素、礦物質、鈣質等營養含量會增加 **5** ～ **10** 倍。

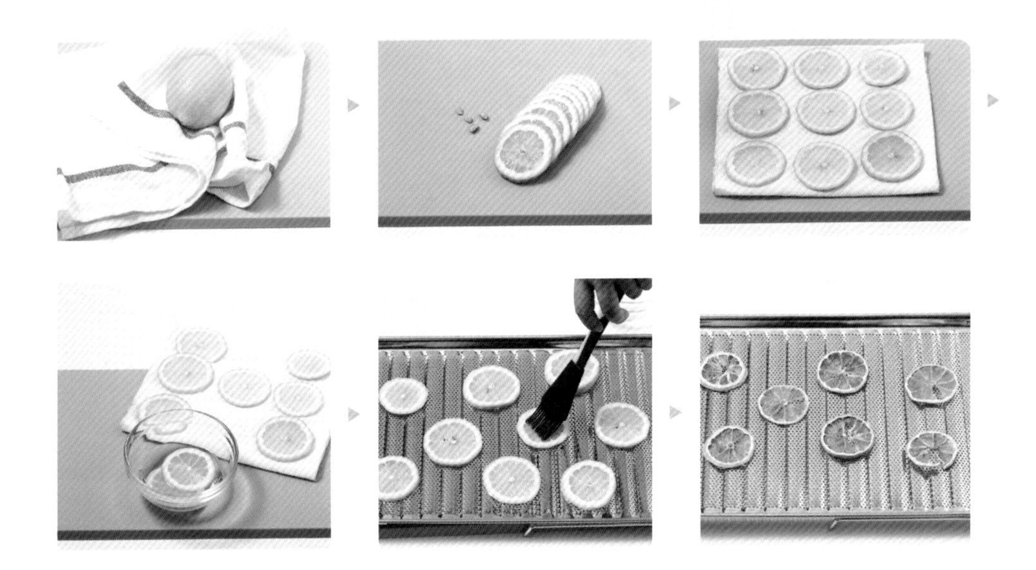

中型檸檬 **2** 個、糖漿 **2** 大匙（**20** 克）

1. 檸檬洗淨後，拭乾水氣。
2. 檸檬切成 0.5 公分厚的圓片，去籽。
3. 將檸檬切片放在廚房紙巾上 30 秒，拭乾水氣。
4. 糖和水以等比例攪拌成糖漿。將檸檬切片放入糖漿中浸泡一下再取出。
5. 將檸檬切片放入托盤中，用刷子再稍微塗抹糖漿後，放置在通風良好的地方曬 2 天。
   使用烘乾機時，以 60℃烘乾 6 小時。

自然曬乾 or 烘乾機

萊姆乾

中型萊姆 **3** 顆、糖漿 **4** 大匙

1. 萊姆洗淨後，拭乾水氣。
2. 萊姆切成 0.3 公分厚的圓片。
3. 輪流將萊姆切片的正反面放在廚房紙巾上各 10 秒，拭乾水氣。
4. 糖和水以等比例攪拌成糖漿。將萊姆切片放入糖漿中浸泡一下再取出。
5. 將萊姆切片放入托盤中，再放到通風良好的地方曬 2 天。

※ 使用烘乾機時，以 50℃烘 6 小時。

自然曬乾 or 烘乾機

葡萄柚乾

中型葡萄柚 **1** 顆、糖漿 **4** 大匙

1. 葡萄柚洗淨後，拭乾水氣。
2. 切成 0.7 公分厚的半圓形切片。
3. 葡萄柚切片放在廚房紙巾上 30 秒，拭乾水氣。
4. 糖和水以等比例攪拌成糖漿。將葡萄柚切片放入糖漿中浸泡一下再取出。
5. 將葡萄柚切片放入托盤中，再放到通風良好的地方曬 2 天。

※ 使用烘乾機時，以 60℃烘 12 小時。

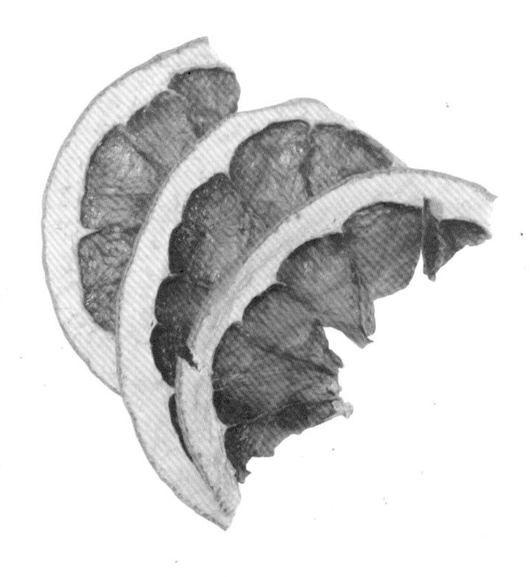

烘乾機

奇異果乾

奇異果 **3** 顆、糖漿 **2** 大匙

1. 奇異果削皮。
2. 切成 0.7 公分厚的圓片。
3. 糖和水以等比例攪拌成糖漿。將奇異果切片放入糖漿中浸泡一下再取出。
4. 將奇異果切片放入烘乾機中，以 60℃烘 12 小時。

烘乾機

藍莓乾

藍莓 **200** 克

1. 藍莓洗淨後，拭乾水氣。
2. 將藍莓平鋪在托盤上，放入烘乾機中。
3. 以 60℃烘 12 小時。
4. 將藍莓聚集在一起，稍微搓揉一下，能使味道和香氣變得更好。
5. 再以 60℃烘 2 小時。

乾燥羅勒葉

羅勒葉 **20** 克

1. 準備好包括莖在內的羅勒葉。
2. 將羅勒葉用線綁成一串。
3. 掛在通風良好、陽光充足的地方。
4. 日曬 2 天。

乾燥薄荷葉

薄荷葉 **20** 克

1. 薄荷葉洗淨後，拭乾水氣。
2. 將薄荷葉平鋪在托盤中。
3. 放置在陽光充足的地方，日曬 2 天。

烘乾機

鳳梨乾

中型鳳梨 **1** 顆

1. 鳳梨削皮。
2. 切成 0.3 公分厚的圓片。
3. 輪流將鳳梨切片的正反面放在廚房紙巾上各 10 秒，拭乾水氣。
4. 將鳳梨切片平鋪在托盤上，放入烘乾機中烘乾。
5. 以 60℃烘 12 小時。

各種水調飲

使用水果乾調製成的水調飲，因富含維生素，可補充體力。
果肉硬度差不多的水果乾，以水浸泡萃取營養素所需的時間也差不多，
因此可以搭配在一起，使各種味道自然調和。
此外，酸味和甜味的水果也是最佳的搭配夥伴。
快用營養滿分的水調飲，開始一天的生活！

89 藍莓水調飲

藍莓乾 **8** 顆＋玫瑰花瓣 **1** 小匙＋水 **250c.c.**

效果 提高免疫力＋抑制活性氧的生成＋恢復視力＋改善女性疾病

90 粉紅淑女

葡萄柚乾 **1** 片＋藍莓乾 **4** 顆＋乾燥羅勒葉 **1** 片＋木槿茶茶葉 **1** 小匙＋水 **250c.c.**

效果 減重＋改善肌膚＋改善腎臟功能＋強化免疫力

91 檸檬迷迭香水調飲

檸檬乾 **2** 片＋乾燥迷迭香 **1** 小匙（**2** 克）＋水 **250c.c.**

效果 消除疲勞＋抗氧化＋活化腦機能

92 椰林迷情

鳳梨乾 **1** 片＋椰子水 **250c.c.**

效果 幫助消化＋消除疲勞＋排出老廢物＋強化肌肉

93 蘋果薄荷萊姆水調飲

乾燥蘋果薄荷 **1** 小匙（**2** 克）＋萊姆乾 **2** 片＋水 **250c.c.**

效果 幫助消化＋提高免疫力＋安定神經

94 綠色旋律水調飲

檸檬乾 **1** 片＋葡萄柚乾 **1** 片＋綠茶茶葉 **1** 小匙＋水 **250c.c.**

效果 抗氧化＋減重＋改善肌膚

95 奇異果草莓水調飲

奇異果乾 **3** 片＋草莓茶茶包 **1** 包＋水 **250c.c.**

效果 預防便秘＋改善肌膚＋預防高血壓

96 葡萄柚鳳梨水調飲

葡萄柚乾 **1/2** 片＋鳳梨乾 **1/2** 片＋水 **250c.c.**

效果 天然消化劑＋預防感冒＋消除疲勞＋解酒＋預防貧血

製作方法

1. 準備一個乾淨的瓶子。
2. 放入水果乾和花草茶。
3. 蓋上蓋子，輕輕搖晃後，放置在冰箱冷藏 12 小時。
4. 搖晃均勻，即可飲用。

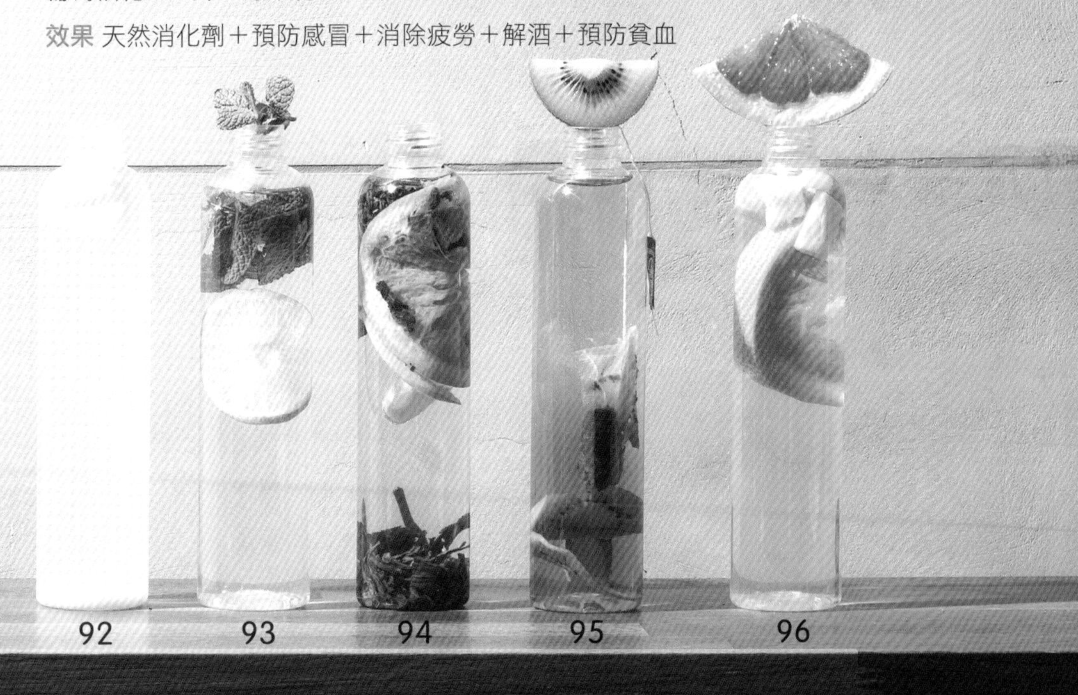

97 萊姆大吉嶺紅茶

在散發熟透的麝香葡萄風味的大吉嶺紅茶中，
放入萊姆乾，倒入熱水，即可完成滿溢著水果香的紅茶。
即使在炎熱夏天裡，吹著冷氣時飲用，比起其他冷飲更能有清爽感。

萊姆乾 **3** 片
大吉嶺紅茶茶葉 **1** 小匙
熱水 **1** 又 **1/2** 杯
（**300c.c.**）
水（預熱用）適量

1. 先將水煮沸，在茶壺和成品杯中倒入沸水至 5 分滿，溫熱 30 秒後倒掉。
2. 在預熱好的茶壺中，加入萊姆乾、大吉嶺紅茶茶葉，再倒入熱水。
3. 4 分鐘後，在預熱好的成品杯中倒入步驟❷的紅茶（包含萊姆乾在內）即完成。

COOKING TIP **大吉嶺紅茶**

位於印度、喜馬拉雅山麓的大吉嶺，以大吉嶺紅茶最為出名，依照收穫季節分成 3～4 月產的春摘（First Flush）、5～6 月產的夏摘（Second Flush），秋天產的秋摘（Autumnal Flush）。其中以香氣出名的夏摘人氣最高。

98 蜂蜜檸檬飲

檸檬和蜂蜜的組合在冬天的效果最佳。
咳嗽嚴重時，飲用添加蜂蜜的檸檬水，能保護喉嚨，使咳嗽次數變少。

檸檬乾 **3** 片
蜂蜜 **1** 大匙
熱水 **1** 又 **1/2** 杯（**300c.c.**）
水（預熱用）適量

1. 先將水煮沸，在茶壺和成品杯中倒入沸水至 5 分滿，溫熱 30 秒後倒掉。
2. 在預熱好的茶壺中，加入檸檬乾、蜂蜜，再倒入熱水。
3. 4 分鐘後，在預熱好的成品杯中倒入步驟❷的蜂蜜水（包含檸檬乾在內）即完成。

也可添加檸檬汁

檸檬乾會散發出檸檬香，且讓飲品比較沒那麼酸。若想要品嘗酸酸甜甜的檸檬飲時，請再添加檸檬汁 1/2 大匙，讓飲品增添更多檸檬的特殊酸味和香氣。

99 迷迭香萊姆茶

萊姆含有豐富的類黃酮，具有強效的抗氧化作用。
將萊姆和具有紓壓效果的迷迭香調製成如補藥般的熱茶飲。

萊姆乾 **2** 片
乾燥迷迭香 **1** 小匙（**2** 克）
熱水 **1** 又 **1/2** 杯（**300c.c.**）
水（預熱用）適量

1. 先將水煮沸，在茶壺和成品杯中倒入沸水至 5 分滿，溫熱 30 秒後倒掉。
2. 在預熱好的茶壺中，加入萊姆乾、乾燥迷迭香，再倒入熱水。
3. 4 分鐘後，在預熱好的成品杯中倒入步驟❷的茶與食材即完成。

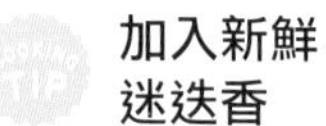

加入新鮮迷迭香

若覺得迷迭香的氣味不夠，請再放入新鮮的迷迭香。若想品嘗香濃的茶，建議添加自製的萊姆濃縮汁，不僅可增添香味，也可以讓味道變得更濃醇。

100 奇異果羅勒茶

羅勒具有健胃、抗菌作用，可以有效改善因病毒引起的疾病。
但羅勒本身的香味獨特，不習慣的人會很難下嚥，因此建議和其他水果乾調製成飲品。

奇異果乾 **2** 片
鳳梨乾 **1/2** 片
乾燥羅勒葉 **5** 片
熱水 **1** 又 **1/2** 杯
水（預熱用）適量

1. 先將水煮沸，在茶壺和成品杯中，倒入沸水至 5 分滿，溫熱 30 秒後倒掉。
2. 在預熱好的茶壺中，加入奇異果乾、鳳梨乾、乾燥羅勒葉，再倒入熱水。
3. 4 分鐘後，在預熱好的成品杯中倒入步驟❷的茶與食材即完成。

水果乾的其他用途

若一次製作了很多鳳梨乾、奇異果乾、乾燥羅勒葉等，可以添加在料理中。先將這3種食材切成碎片後，撒在沙拉上面，水果乾的甜味和羅勒葉的香氣，能豐富沙拉的口感。

索引

◎氣泡水・汽水

◎果昔、冰沙

◎果汁

◎奶昔

◎莫希托・愛爾

◎可可（巧克力）

◎其他冰飲

◎奶茶

◎牛奶・優酪乳・多多

◎咖啡

◎熱茶飲・熱花果飲

◎冰茶飲・冰花果飲

台灣廣廈 國際出版集團
Taiwan Mansion International Group

國家圖書館出版品預行編目（CIP）資料

第一本從基底開始做！手調飲品BOOK：自製果醬×濃縮汁×糖漿×飲品粉×水果乾基底，調出100款經典到創新的手作飲/申頌爾作. -- 二版. -- 新北市：臺灣廣廈有聲圖書有限公司，2022.08
面；　公分
ISBN 978-986-130-552-3(平裝)
1.CST: 飲料 2.CST: 果醬

427.4　　　　111010025

第一本從基底開始做！手調飲品BOOK【暢銷全新封面版】

自製果醬×濃縮汁×糖漿×飲品粉×水果乾基底，調出100款經典到創新的手作飲

作　　者／申頌爾
譯　　者／譚妮如
編輯中心編輯長／張秀環
編輯／陳宜鈴
封面設計／林珈仔・**內頁排版**／菩薩蠻數位文化有限公司
製版・印刷・裝訂／東豪・弼聖・秉成

行企研發中心總監／陳冠蒨
媒體公關組／陳柔彣
綜合業務組／何欣穎
線上學習中心總監／陳冠蒨
產品企製組／黃雅鈴

發 行 人／江媛珍
法 律 顧 問／第一國際法律事務所 余淑杏律師・北辰著作權事務所 蕭雄淋律師
出　　版／台灣廣廈
發　　行／台灣廣廈有聲圖書有限公司
地址：新北市235中和區中山路二段359巷7號2樓
電話：（886）2-2225-5777・傳真：（886）2-2225-8052

代理印務・全球總經銷／知遠文化事業有限公司
地址：新北市222深坑區北深路三段155巷25號5樓
電話：（886）2-2664-8800・傳真：（886）2-2664-8801
郵 政 劃 撥／劃撥帳號：18836722
劃撥戶名：知遠文化事業有限公司（※單次購書金額未達1000元，請另付70元郵資。）

■出版日期：2022年08月
ISBN：978-986-130-552-3

2 糖的種類及使用方法

糖可說是手調飲品中
相當重要的食材。
從自製果醬到水果乾等
飲料基底的製作，
都一定需要添加糖。
以下除了介紹常見的白糖、
紅糖、黑糖外，
也介紹各種其他類型的糖。
在調製飲品前，
請先了解各種糖的特性，
再依需求選用。

◎ 白砂糖

在糖的製造過程中，最先提煉出來的、純度最高且最乾淨的糖。若想保有咖啡或紅茶的原味，請選用白糖。調製本書介紹的飲品時，也盡可能選用白糖。

◎ 黃砂糖

黃砂糖的精緻度比白糖低，仍帶少許有機物和礦物質，因此顏色偏黃並帶有光澤。若希望飲品顏色為淡色系，建議使用黃砂糖。黃砂糖比白糖更適合添加在梅子的濃縮汁中。

◎ 黑糖

甘蔗汁經過了長時間熬煮，是比白糖更黏稠、更易凝結成團塊的糖。調製紅茶糖漿或咖啡糖漿等色澤較深的糖漿時，可以添加一些。其蔗糖含量較白糖和紅糖低。

◎ 蔗糖

蔗糖是將甘蔗汁去除水分後所獲得的糖，其礦物質的含量比白糖、紅糖、黑糖都要高。所需的溶化時間比白糖長。

HANDMADE DRINKS 開始調製前的準備

1 一年四季的水果知識

想品嘗新鮮香甜的水果飲品，
請一定要以當季水果來調製。
尤其是製作果醬和濃縮汁時，
對水果的認識愈多，會讓飲品愈美味！

◎ 水果知識 01 果醬和濃縮汁的水果選擇

請仔細觀察水果的色香味。通常氣味太香甜或顏色太鮮艷的水果，可能已存放了一段時間，盡量不要購買。挑選用來製作果醬的水果時，需避免過熟的，應以堅硬的、新鮮的為宜。而需經加熱步驟的濃縮汁，則可以使用熟透的水果。

◎ 水果知識 02 水果的基本分類

柑橘類 香氣重、酸味強，果肉分瓣汁多。如檸檬、橘子、萊姆、柳橙、葡萄柚等。

漿果類 籽多，多為成串的型態。果肉柔軟，味道甜。如草莓、葡萄、無花果、藍莓、覆盆子等。

核果類 外皮柔嫩、果汁多。如李子、水蜜桃、杏桃、櫻桃等。

仁果類 有堅硬果仁，果肉肥厚多汁，容易儲藏。如蘋果、水梨、木瓜等。

◎ 水果知識 03 各種飲品的適合水果

果汁汽水 如檸檬、橘子、柳橙、葡萄柚、草莓、葡萄、無花果、藍莓、覆盆子等。

果汁 如蘋果、水梨、橘子、萊姆、柳橙、葡萄柚等。

果昔 如李子、水蜜桃、杏桃、櫻桃、葡萄、無花果、藍莓、覆盆子等。

◎ 水果知識 04 台灣水果產季

1 月 檸檬、釋迦、橘子、葡萄柚、草莓、柳丁
2 月 檸檬、釋迦、橘子、葡萄柚、草莓、柳丁
3 月 檸檬、釋迦、橘子、葡萄柚、草莓
4 月 檸檬、草莓
5~6 月 荔枝、百香果
7 月 檸檬、百香果
8 月 釋迦、葡萄柚、百香果
9 月 釋迦、葡萄柚、蘋果、柳丁、百香果
10 月 橘子、葡萄柚、蘋果、柳丁
11~12 月 橘子、葡萄柚、蘋果、草莓、柳丁
全年皆產季 椰子、鳳梨、香蕉、葡萄
※ 本表所列水果以本書出現者為主。

PART 4
以「飲品粉」調製的飲品

基底製作

變化飲品

PART 5
以「水果乾」調製的飲品

基底製作

變化飲品

目錄

PART 3
以「糖漿」調製的飲品

基底製作

變化飲品

PART 2
以「濃縮汁」調製的飲品

基底製作

變化飲品

目錄

開始調製前的準備

PART 1

以「果醬」調製的飲品

基底製作

變化飲品

◎ 水果：水：冰＝1：0.5：1

調製果昔時，隨著主食材的不同，調製方法也會不同。若是使用新鮮水果調製，水果和冰的用量一樣，但水的用量僅需一半，然後全部材料再以果汁機攪碎，即可做出美味的果昔。若是使用冷凍水果，則只需添加水，不需加冰塊，且水和冷凍水果的用量一樣。以草莓或藍莓等莓果類為主食材時，建議使用冷凍品較便利，而像蘋果、水梨、葡萄、橘子等，則以新鮮水果為佳。

◎ 紅茶：牛奶＝1：20

由於使用少量的茶葉即可泡出濃郁的熱茶，因此茶葉的所需分量較少。調製時，請依個人喜好在茶葉和牛奶中添加少量的水，即可泡出清新爽口的奶茶。紅茶茶葉、牛奶與水的比例以 1：15：5 為佳。且在牛奶裡添加的茶葉，以「BOP」等級的茶葉較好。也能以茶包代替茶葉，一個茶包約含有 1.5 ～ 2 克的茶葉。

◎ 花草茶：氣泡水＝1：60

色澤美觀、香氣濃郁的花草，總是能調製出充滿清涼感的茶飲。若以氣泡水代替水加入花草茶飲中，更能增加清涼口感。這時若再添加少許的自製果醬，就能完成更美味的飲品 。若想讓飲品呈現紅色，建議可使用洛神花；若想呈現藍色調，則可使用藍錦葵（Blue Mallow）。

◎ 咖啡：牛奶＝1：4

咖啡和牛奶的比例以 1：4 為宜。若想品嘗更濃厚的咖啡味，可使用深焙的咖啡豆，若想品嘗香醇的口感，則建議用中焙的咖啡豆。此外，若想在冰釀咖啡中添加牛奶，可先將咖啡裝在瓶子中，靜待一天後再調製，即可完成美味的冰拿鐵咖啡！

飲品調製的黃金比例

◎ 果醬：水＝1：3
濃縮汁：水＝1：4

將果醬或濃縮汁與滾水混合以調製熱飲時，果醬或濃縮汁和水的比例以1：3至1：4為宜。此外，若希望有比較滑順的口感，建議使用硬度較高的礦泉水。若是用淨水器的滾水來調製，因其含氧量較少，比較無法做出美味的熱飲。倒水時，手握茶壺的手臂盡量呈45度角，這樣可提高水中的含氧量，讓飲品的味道更好。

◎ 果醬：氣泡水＝1：3
濃縮汁：氣泡水＝1：4

以果醬調製飲品時，需連同水果片一起放入，而飲料中所添加的氣泡水則以原味為主。若喜歡較嗆鼻的口感，建議使用泰國產的瓶裝氣泡水。若想品嘗到食材的原味，則建議以氣泡水機製作氣泡水，並調少氣泡量。

◎ 果醬：汽水＝1：6
濃縮汁：汽水＝1：7

由於汽水本身的含糖量較高，因此調製飲品時，請斟酌果醬或濃縮汁的用量。建議購買185c.c.以下的小瓶裝汽水較佳。此外，請在汽水中添加適量的水果片，因為水果可吸收汽水中的糖分，稍微降低甜味。

MADE IN ITALY
基底
接骨木花濃縮汁
飲品 1
翠綠接骨木花茶
飲品 2
萊姆接骨木花茶
飲品 3
檸檬接骨木花茶

〈 本書內容簡介 〉

1

5 類飲料基底製作及 100 款飲品調製教學

除了介紹果醬、濃縮汁、飲品粉、糖漿、水果乾 5 大類 35 種飲料基底的製作法，還介紹由基底變化出 100 款飲品的調製法。只要掌握好基底的製作步驟，不論何時都能在家享受各種好喝的飲料！

2

咖啡店人氣飲品及作者獨家研發的特色飲品調配訣竅

收錄許多知名咖啡店的人氣飲品，其中有些是作者多年從事飲品諮詢時所研發的品項。此外，還介紹一些廣受大家喜愛的特色飲品。

3

開店等級的飲品調製祕訣大公開

同一杯飲料為何在咖啡店裡喝起來的味道和在家裡喝的不一樣？魔鬼藏在細節裡！本書傳授你各種調製飲料時的祕訣，讓你家的廚房變成專業飲料吧！

4

容器規格及食材的用量標準

- 冰飲皆以 16oz（473c.c.）1 杯為標準。
- 熱飲皆以 8oz（236c.c.）1 杯為標準。
- 成品杯以 200c.c. 的量杯為標準。
- 1 杯量杯＝ 1 又 1/9 紙杯。
- 本書食譜的飲品調製，以標準量匙的「大匙」（15ml）為基本單位，也可用一般湯匙（1 匙約 10ml）代替，但因各類基底形態不同，若以一般湯匙代替，取用量會稍有差異。請參考以下說明。

- 果醬 1 大匙＝ 1 又 1/3 匙（含水果片）
- 濃縮汁 1 大匙＝ 1 匙
- 糖漿 1 大匙＝ 1 匙
- 飲品粉 1 大匙＝ 1 又 1/3 匙

한 입 에 가 정 식 음 료 1 0 0

第一本從基底開始做！
手調飲品 HANDMADE DRINKS BOOK

申頌爾／著　譚妮如／譯